U0591492

青少年情商培养丛书

你一定受欢迎

艾浩 著

海峡出版发行集团 | 海峡文艺出版社

图书在版编目(CIP)数据

你一定受欢迎/艾浩著. － 福州:海峡文艺出版社,
2017.6(2018.2 重印)
ISBN 978-7-5550-0931-3

Ⅰ.①你… Ⅱ.①艾… Ⅲ.①散文集－中国－
当代 Ⅳ.①I267

中国版本图书馆 CIP 数据核字(2016)第 271158 号

你一定受欢迎

艾 浩 著

责任编辑	何 欣	
助理编辑	刘含章	
出版发行	海峡出版发行集团	
	海峡文艺出版社	
经 销	福建新华发行(集团)有限责任公司	
社 址	福州市东水路 76 号 14 层	邮编 350001
发 行 部	0591－87536797	
印 刷	福州德安彩色印刷有限公司	邮编 350008
厂 址	福州市金山工业区浦上标准厂房 B 区 42 幢	
开 本	787 毫米×1092 毫米 1/16	
字 数	150 千字	
印 张	12.25	
版 次	2017 年 6 月第 1 版	
印 次	2018 年 2 月第 3 次印刷	
书 号	ISBN 978-7-5550-0931-3	
定 价	28.00 元	

如发现印装质量问题,请寄承印厂调换

目 录

CONTENTS

真诚，应该成为我们生活中的永久伴侣

古人云："乐莫乐兮新结识。"然而，正如俗话说的，"凡事开头难"，在社交过程中怎样给对方留下美好的"第一印象"？

离开了真诚，则无所谓友谊可言。只有真诚的心声，才能唤起一大群真诚人的共鸣。

真诚，首先体现在对朋友的尊重，而注意社交者的"容止"，则是一个具体表现。记得新中国成立前，南开大学有一面立镜，镜子上方悬着"容止格言"。内容是："面必净，发必理。衣必整，钮必结。头容正，肩容平。胸容宽，背容直。气象勿傲勿暴勿怠，颜色宜和宜静宜庄。"这里包括两个方面。一方面是容——容貌，外表，衣着、发型、肤色、身体的形态等等。这在社交中当然是很重要的。佝背凹胸，虽然不能说一定会给人造成不好的印象，但至少会使人感到不舒服，造成不美的"第一印象"。另一方面是止——举止，行为，动作。有些人外部容貌不错，肤色白皙，身体匀称，可是举止不雅，行为不端，一举手，一投足，都给人造成不好的印象。有一个姑娘，模样儿长得真是无可挑剔，可谓"增之一分则太长，减之一分则太短，涂粉则太白，施朱则太赤"。当她在社交场合出现时，马上被一群热情的小伙子围住了。可是，要不了多久，她就口出秽言，用一些不三不四的话语与小伙子们打情骂俏。你说，这样的"第一印象"会好得了吗？

要给人美好的"第一印象"，贵在感情上的朴实、自然。自然会给人以美感，使人感受到你襟怀坦白。每个人的气质、风度、教养是不同的，如果在社交过程中能"自然"处之，同样会给对方留下美好的"第一印象"。如果你的秉性寡于言笑，你偏要强颜欢笑；你是偏于活跃的，却要装作老成持重，结果反会给人一种不真实感。只有在社交中表现出自己的性格和品格特色来，才会从自己的个性中透出特有的"美"来。

鲁迅在厦门时，作为一个"名人"，不得不在各种社交场合露面。记者在《厦门日报》上写道："鲁迅先生没有一点架子，也没有一点派头，也没有一点客气，衣服也随便，铺盖也随便，说话也不装腔作势。"这是多美的"第一印象"，透过这素描式的"第一印象"，使我们看到了朴实自然、性格化的鲁迅先生。

对自己的言行要切实做到"自然"，而对新结识的朋友，你要表现出真诚的兴趣。据说，你要是真心地对别人感兴趣，两个月内你的朋友数量，就能比一个光要别人对他感兴趣的人在两年内所交的朋友还要多。维也纳著名心理学家亚佛亚德在《人生对你的意义》一书中说："对别人不感兴趣的人，他一生中的困难最多，对别人的伤害也最大。所有人类的失败，都出诸于这种人。"纽约电话公司曾经做过有趣的调查，在电话中哪一个词出现得最多？结果，他们吃惊地发现，在500个电话中，使用了3950次的词，竟是第一人称的"我"。任何人，屠夫、国王，都喜欢那些欣赏和关心他们的人。第一次世界大战结束的时候，德国的威廉皇帝为了保全自己的生命而逃往荷兰，人民对他恨之入骨，不少人想把他碎尸万段，或者活活烧死。可是有一个小男孩写了一封简单而诚挚的信给这位德皇。这个小男孩说："不管别人怎么样，我永远只喜欢威廉当我的皇帝。"这封信把德皇深深地打动了。他邀请小男孩和他孀居的母亲一起去见他。不久，德皇甚至同小男孩的母亲结婚了。这是一件富有传奇色彩的真实故事。我们从中不是可以悟出一个道理吗？人是需要别人对他感兴趣的。

谢觉哉在一首诗中写道："行经万里身犹健，历尽千艰胆未寒。可有尘瑕须拂拭，敞开心肺给人看。"要想得到知己朋友，首先得敞开自己的心怀。要讲真话、实话，不遮遮掩掩、吞吞吐吐，以你的坦率换得朋友的赤诚和爱戴。有一个名叫哈尔顿的英国作家，他为编写一本《英国科学家的性格和修养》的书，采访了达尔文。达尔文的坦率，是尽人皆知的。为此，哈尔顿也不客气地问达尔文："您的主要缺点是什么？"达尔文答："不懂数学和新的语言，缺乏观察力，不善于合乎逻辑地思维。"哈尔顿又问："您的治学态度是什么？"达尔文又答："很用功，但没有掌握学习方法。"听到这些话语，谁不为达尔文的坦率与真诚鼓掌呢？按说，像达尔文这样蜚声全球的大科学家，在回答作家提出的问题时，哼哼哈哈，说几句不痛不痒的话，甚至为自己的声望再添几圈光环，有谁会对之产生异议呢？但达尔文不是这样，一是一，二是二，甚至把自己的缺点毫不掩饰地袒露在人们面前。这样高尚的品德，换来的必是真挚的信赖和尊敬。朋友的交往亦是这样。你敢于说真话，说实话，肯让人知，朋友为你的诚实所感动，便会从内心深处喜欢你，他给你的回报，也将是说真话，说实话。

在我国古代，交朋友都强调一个"信"字。"信"者，真诚也。《晏子春秋·内篇存下》中就有"信于朋友"的话，把"信"看成是朋友之间一个重要环节。"信"，在封建社会被视为五常之一，是人的一种美德。过去小孩子的启蒙读物《幼学琼林》，其中有专门讲交友的章节，并有种种概括："尔我同心曰金兰，朋友相资曰丽泽"，"心志相孚为莫逆，老幼相交曰忘年"，"刎颈之交相如与廉颇，总角之好孙策与周瑜"，这里说的都是友情的深厚，而深厚友情的源泉便是真诚待人。

人与人的感情交流具有互异性。融洽的感情是心的交流。肝胆相照，赤诚相见，才会心心相印。心理学家曾就"喜欢与吸引"这一专题，列出550个描写人的形容词，让学生们指出在多大程度上喜欢一个有上述特点的人。结果，在八个评价最高的形容词中，有六个——真诚的、诚实的、忠实的、真实的、信得过的和可靠的——都和真诚有关；而评价最低的形容词是说谎、装假与不老实。岁月的流逝，时代的变迁，并没有减弱"真诚"在友谊宫殿中的光泽。由于社会的进步，人们给"真诚"又增添了熠熠光彩。

"投之以木桃，报之以琼瑶。"真诚，应该成为我们生活中的永久伴侣。

让我们的生活充满温暖和爱意

这是20世纪90年代的事了。有一天，在公共汽车上，我见到了这样一个场面：

售票员查票查到一个姑娘面前。她慌张了，半天找不着票。

全车人的目光像聚光灯似的射了过来。

她愈发六神无主，从上身口袋摸到下身口袋，又从下身口袋摸到上身口袋。没有，还是没有。

"大概忘了买吧。"售票员冷冷地说。

人们都在议论着，像当众逮住了小偷。她窘迫极了，苍白的脸忽然涨得绯红，牙齿死死地咬着嘴唇。

"罚她，罚她！"几个蓄小胡子的青年怪叫起来。显然，对这个漂亮得让人嫉妒的女子尴尬的样子，他们感到惬意。

她纤弱的身子猛地颤了一下。

"就补张票吧，"一位老人婉言相劝，"下次可别再这样了。"

"我……"她似乎想辩解什么。

车厢里的空气有些闷热，人们开始感到不耐烦了。

"同志，你别慌。"一个平稳的声音响了起来，"冷静想想，再仔细找找，会找到的。"

人们的目光在车厢里搜寻着。

声音是他发出来的，一个理平头的小伙。

"可不是嘛，那么张小纸片片，说不定就塞哪儿了。"有人赞许地附和。

"要是找不着呢？你看见她买了？你能作证？"也有人怪腔怪调道。

"要是你的票找不到了呢？为什么要不相信人呢？"回敬的语气仍是坦然的。

她猛地抬起头，向小伙投去感激的一瞥。

她不再手足无措了。

像是想起了什么，她急急地打开了刚才竟忘了的提包，狠狠地从里面抓出了那张使她陷入困境的、小小的车票。

人群中有松了一口气的，也有感到难堪的。

理平头的小伙脸上是自信的平静。

这位敦厚的小伙子，虽然与姑娘素昧平生，却给人信任，给人真情。生活中，多一些这样的人，就能多几分温情。

我还想再讲一个类似的故事：

一个漂亮姑娘天天路过一个小伙子阳台前的马路。他迷上了她，爱上了她。每天早晨，他都要在阳台上默默地注视着她。然而，他还只是个高中生呀！

后来，他考上了大学。他非常兴奋，他第一个想到的是，要把这个消息告诉虽然不相识的她。他鼓足了勇气，涨红着脸，颤着声说："我，我……我考上大学了！"

这位美丽的姑娘，对这位陌生人没有感到惊讶，更没有感到不可思议，或者，把这看成是对她的不礼貌。她纯洁而真诚地笑着说："祝贺你！"

他带着一个美好的祝愿上学去了，尽管此后，他们再没有相遇。

多么温柔的人生！面对如此陌生人，我们都能给予如此真诚的祝福吗？

一个叫斯图尔特的外国人，谈了一次儿子对他的"心理试验"：

结束一天的工作，他疲惫不堪地走进卧室，十二岁的儿子抬头望着他说："我爱你。"他竟不知该说什么好。

好一会儿，他只是站着，低头凝视着儿子。

他终于问他："你需要什么？"

他儿子笑了起来，拔脚就往外跑。他叫住儿子："喂！这到底是怎么回事？"

儿子格格地笑着回答："我们的健康老师让我们先对父母说一声'我爱你'，然后看看父母怎样回答。这是一种心理试验。"

第二天，他拜访了儿子的老师，想进一步弄清有关试验的情况。

"大多数家长的反应基本上和你一样。"儿子的老师说，"我第一次向孩子们提出做这种试验时，孩子们全笑了，有几个推测他们的父母可能会因此心脏病复发。"

"关键是，"这位老师解释说，"感受到爱是使身心健康的一个重要因素，但是非常遗憾，我们往往没有完全表达出这种感情。不仅仅是父母对孩子，还包括孩子对他的伙伴们。"

这位老师是个中年男子，这些对孩子有益的话，他的父母亲从来没对他说过，直至他父亲临死时也没说。

我们很多人像他一样，父母把我们抚养成人，他们爱我们，可从来没有表白过。

现在，我们这一代人已经注意到在人际关系中用言语表达自己的感情的问题。我们往往忽视了，我们的孩子也渴望从父母那里得到除了餐桌上的食品、衣橱内的服装以外更多的东西；我们应该知道，父母的吻在儿女的脸上是那样的舒适。

我们这代父亲已开始干我们父辈从没干过的事，我们曾守过产房，在家清扫地板，烹调饭菜。我们能适应这些变化，当然更应该懂得孩子看着我们说"我爱你"时该怎么回答。

那天晚上，那位儿子走进父亲的卧室，接受他越来越简短的睡前之吻。他抱起儿子，长长地一吻，就在儿子正要推开他之前，他以最深沉的男子汉的声音说："喂，我也爱你。"

朋友，努力吧，让我们敦厚待人，学会爱并学会真诚地表达，让我们的生活充满温暖和爱意！

"不学礼，无以立"

读过《西游记》的人都知道唐僧取经的故事。唐僧，真有其人，法名玄奘，今河南偃师县人。在他的传记中有这样的记载："年八岁，父坐于几侧口授孝经。至'曾子避席'，忽整襟而起，问其故。对曰：'曾子闻师命避席，吾今奉慈训，岂敢安坐。'父甚悦，知其必成。"

这里讲了两个故事，一个是孔子的学生曾子，当老师同他讲话时，他马上离开座位站起来，表示对教师的尊敬；另一个是玄奘听到父亲讲述"曾子避席"的故事后，也立即站起，表示学习曾子，尊敬父亲。

曾子是两千多年前的人，玄奘是一千多年前的人，说明我国人民讲礼貌由来已久，不仅尊敬师长和父母，而且平辈之间也互相尊敬。《史记》记载："夫礼者，自卑而尊人；虽负贩者，必有尊也。"说明我国古代人民很懂得彼此尊敬，彼此谦让，互相谅解，团结友爱。人家尊敬你，你要加倍地尊敬人家，"来而不往非礼也"，只要求别人尊敬你，你不尊敬别人，这是不礼貌的。

斯诺在《西行漫记》中讲过这样一件事：斯诺初到陕北解放区时，由领导安排两个小兵照料他的生活。开始，他们之间的关系不太融洽。一次，斯诺对一个小兵说："喂，给我拿点冷水来。"小兵绷着脸不理睬他。他又去招呼另一名小兵，结果也是一样。这时在场的李克农同志对斯诺说："你可以叫他'小鬼'，或者叫'同志'，可是你不能叫他'喂'，因为这里大家都是同志。"斯诺听了恍然大悟，感到自己一时有失检点（实际上他还不太懂得中国的语言习惯），立即向两个小兵道歉，从此以礼相待，他们就相处得很好了。

这就告诉我们，言之有礼，是社交成功的一个重要条件。待人讲礼貌，可以概括为六个字：文雅、和气、谦逊。

文雅，是指要学会日常生活中的见面语、感谢语、告别语、招呼语等等，诸如"您好、谢谢、再见、请多包涵、真对不起"之类的语言；文雅，表现在行动中就是礼让。高桥敷在《丑陋的日本人》一书中，对在日本和阿根廷举行的万国博览会做了对比。在日本，"清晨，突然地面微微震动，数以万计的人'哇哇'地吼叫着，争先恐后地向会馆狂奔而来……跑在前面的总是身强体壮的年轻人，他们粗暴地把老人和妇女推搡到一边"。而在阿根廷，"当门打开以后，没有一个人不顾体面、不顾公共秩序地趁机横冲直撞。而且，男人决不会走在女人的前面，年轻人决不会走在老年人的前面。如果残疾人乘轮椅车进场，其他人就都会随着他的速度往前走"。这里，丑陋与美好形成了多么鲜明的对比！日本人的这些丑陋状，在我们日常生活中不也似曾相识吗？甚至可以说我们是有过之而无不及。

与文雅相对立的是粗野。鲁迅先生写过一篇杂文叫《论"他妈的"》，批评中国的不少人，即便父之于子，幼之于长，都习惯于用"他妈的"。对此，鲁迅感慨万千地称之为"国骂"。他说："其实，好的中国人之中，并不随口骂人的多得很，不应该将上海流氓的行为加在他们身上。"我们一定要把这种"流氓的恶习"彻底铲除，正如古人在《弟子规》中说的："刻薄话，污秽语，市井气，切戒之。"

我们应该和气待人。和气，就是要心平气和地同别人说话。要以理服人，不强词夺理，不恶语伤人。据说，在香港，政府推行"公务员礼规"，规定说话必须和气，有礼节。警员在马路上有权检查人们的身份证，检查完毕后，很客气地说："打搅了！"双层巴士（公共汽车）车身上有条标语，写着"超载属违例，乘客请合作"。承建商在工地板墙上写着："地盘施工，各位小心行走，不便之处，请诸君多多包涵。"北京百货大楼优秀售货员张秉贵讲话十分和气，他工作再忙，也说："请您稍微等一下，我们卖得快，一会儿就能给您拿。"社交场合语言和气可以调整人际关系，增进相互了解。

我们还应该谦逊待人。谦逊，就是要多用讨论、商量的口吻说话，不盛气凌人。我国封建时代的帝王"称孤道寡"，不管他真实的用意如何，但形式上至少是一种谦辞。客人来了，应该热情招呼："您请坐！"送客时说一声："希望您一定再来！"在公共汽车上有人挡道，就说："请让一让！"这样一种谦逊的口气，让人乐于接受。如果用命令的生硬口气，往往会出现"顶牛"现象，有时还会闹出意想不到的事情来呢！

孔子说："不学礼，无以立。"就是说，没有礼貌，怎么做人呢！在学校要对师长、同学有礼貌；在家里要对父母、兄弟、姐妹有礼貌；在工作单位要对领导、同事有礼貌；在社会上要对他人有礼貌；在公共场合要扶老携幼，"长者先、幼者后"。

礼貌，从实质上说，既是对他人的尊重，也是对自己的尊重。以粗野的态度待人，不把人当人，也就是把自己置于非人的或是野蛮人的地位。

为人正直是立身之本

当我们评价一个人的时候，往往以正直与否来论其人品高下。如果说到某某人是一个"正直的人"，这是对他人品的绝美赞扬。

正直与否，这是我们判断一个人品行的客观标准。譬如说到包公，人们立即会想到他不畏权势，不怕丢乌纱帽，不怕杀头，敢于为民申冤，替民除害，秉公从事等品格。人们为此尊重他，亲切地称他为包青天。他的故事，一直被世人传为美谈；他的名字，一直被当作正直的代称。

正直的人，也必然是诚实的。它的对立面是虚伪、奸诈、欺骗。法国戏剧家莫里哀的《伪君子》塑造了答尔丢夫这个典型，这是一个十足的伪君子。他披着宗教的外衣，到处行骗。他跪在教堂里，疯狂地捶打自己，狂热地吻着地面。他的极度"虔诚"，感动了富商奥尔恭。奥尔恭给他好吃喝、好住处，把女儿许给他，甚至把不可告人的秘密也告诉了他。答尔丢夫骗得了财产继承权还不算，还要勾引奥尔恭的妻子。当他的卑鄙行径被戳穿以后，他竟让主人奥尔恭从家里滚出去。答尔丢夫用欺骗的伎俩达到他罪恶的目的。

我们不但要具备正直、诚实的美德，同时也要提高对"恶"的鉴别力，进而阻止恶行。如果恶行得到纵容，那就会导致灾难。

正直的人，还应该平等地为人处世。它的对立面是势利眼和拍马屁。明代著名画家唐寅曾写过一首《题秋风纨扇图》的诗，诗曰：

秋风纨扇合收藏，何事佳人重感伤？
请把世情详细看，大都谁不逐炎凉？

这首细加品读令人毛骨悚然的诗，可谓写透了世态炎凉、人间

秋色！

　　势利眼的毛病在"眼"上，病根却在心上，他们的思想核心，说到底，也还是"势"和"利"两个字。《儒林外史》里范进的岳父大人胡屠户，在范进中举之前，百般贬斥女婿，什么"烂忠厚没用的人"呀，"像你这尖嘴猴腮，也不撒泡尿自己照照"呀，什么话都骂出来。范进中举之后，胡屠户立即改口说："我的这个贤婿，才学又高，品貌又好，就是城里那张府、周府这些老爷，也没有我女婿这样一个体面的相貌。"把一个"面黄肌瘦，花白胡须"的范进，居然夸成了一朵花。甚至范进前面走，他"见女婿衣裳后襟滚皱了许多"，竟然"一路低着头替他扯了几十回"，只差没有叩头了。这种一百八十度大转弯，说到底，也无非是想着："我哪里还杀猪，有我这贤婿，还怕后半世靠不着也怎的？"《官场现形

记》里瞿施庵的夫人瞿太太，已经是个"脸上起皱纹的老婆婆"，"头发也有几根白了"，居然"情愿拜在膝下"认端制台的年方十八的干女儿宝小姐为"干娘"，那更是势利得令人作呕了。究其原因，无非想攀上了这门"干亲戚"，"少不得总要替我们老爷弄点事情。只要弄得一个好点差使，就有在里头了"。

答尔丢夫也罢，胡屠户也罢，瞿太太也罢，他们的伪善、势利，一言以蔽之，都是为了膨胀的贪欲。贪欲者的欲壑是永远填不满的。

近些年，腐朽之风肆意泛滥。凡沾染上这些风气的人，实质上就是和正直、诚实分道扬镳了。如：徇私情，耍两面派，搞内斗，诬告陷害，尔虞我诈，乘人之危，落井下石，欺世盗名……这些，历来都被列为丑恶的行为，我们不能对其视而不见，听而不闻，知而不管。当然，更不能如同随风飘转的柳絮，也"随俗"染上这腐朽之风。也许这些恶行会给你带来暂时的某些利益，如喜爱这利益，那你就变成正直的敌人了，这正如达·芬奇说的："如果所爱好的对象是卑鄙的，它的爱好者也就变成卑鄙的。"

自卑，
一种心灵的障碍

过分的自尊和过分的自卑往往互为表里。

宋人《艾子杂说》中有一则寓言：一天，龙王与青蛙在海滨相遇，他们寒暄一番之后，青蛙问龙王："大王，你的住处是什么样的？"龙王说："珍珠砌筑的宫殿，贝壳筑成的阙楼；屋檐华丽且有气派，厅柱坚实而又漂亮。"龙王说完，问青蛙："你呢？你的住处如何？"青蛙说："我的住处绿藓似毡，娇草如茵，清泉沃沃，白石映天。"说完，青蛙又向龙王提了个问题："大王，你高兴时如何？发怒时又怎样？"龙王说："我若高兴，就普降甘露，让大地滋润，使五谷丰登；如若发怒，则先吹暴风，再发霹雳，继而打闪放电，叫千里以内寸草不留。那么青蛙你呢？"青蛙说："我高兴时，就面对清风明月，呱呱叫上一通；发怒时，先瞪眼睛，再鼓肚皮，最后气消肚瘪，万事了结。"

青蛙在龙王面前表现了充分的自信，龙宫固然美丽，我青蛙的居所也别具一格，可谓不卑不亢。只有心灵健全的人，才可以切实地做到这一点。

由此，我又想到了《简爱》。"我有权蔑视你！"男主人公罗彻斯特这样说。四十来岁的罗彻斯特身为庄园主，财大气粗。他在既地位低下又其貌不扬的简爱面前，有一种很"自然"的优越感。

一般人遇上这情景，自卑感很可能会油然而生。但有着坚强个性，又渴望平等的简爱却寸步不让地反唇相讥，坚决维护了自己的尊严。一个弱女子何以有如此勇气？且听她后来向罗彻斯特所说的一番话："你以为我穷、不好看就没有自尊吗？我们在精神上是平等的！正像你和我最终将通过坟墓平等地站在上帝面前。"这番话给罗彻斯特以强烈的震撼，并使他对简爱产生了由衷的敬佩。夏洛蒂·勃朗特所塑造的简爱这个艺术形象之所以经久不衰，女主人公自尊自爱的精神是主要的魅力。

人是需要彼此尊重的。但在现实生活中，却常有人不惜降低自己的尊严，去逢迎在某些方面比自己"优越"者，哪怕被逢迎者对自己傲慢无礼也罢。这种"卑己而尊人"的做法委实不妥（当然，那种为达到某种目的而溜须拍马者除外）！我以为，一个人只要不是情操低下、行为卑劣兼酒囊饭袋，那就无论其地位是高是低、能

力是大是小、各种条件是好是差，都应有充分的自信而不应自感低人一等，这种平等观念是一个现代人所应当具备的。

以上说的是在和人交往中，一个人应有的态度与风度。但在改革开放的今天，客观上还有一个在外国人面前怎样当一个不卑不亢的中国人的问题。

这也有两种态度：

一是满足"虚骄之气"。有些人似乎害着翘尾巴疯，一谈到美国，尾巴就翘起来了："美国的文化太浅！"美国的文化是不是浅，那是另外一个问题，即令浅吧，我们还应该更不好意思，好像书香世家的破落户，披着麻片，蹲在破庙里，却嚎曰："俺祖父大人当过宰相，他祖父大人不过是一个淘阴沟的。"又好比阿Q说的那样："我从前，阔多啦！"不但不想如今为何穷了，反而因对方出身不高而莫名其妙地洋洋得意。

二是在外国人面前好像法门寺里的贾桂一样，腰背总是挺不起来，骨头轻，而又脸皮厚、脊梁软，常常是见钱眼开，见物动心，总想从他的"洋大人"那里捞点什么好处。为了这可鄙的目的，缠住别人认洋爹妈者有之，把女儿送给港商当小老婆者有之，自荐求爱者有之，明讨暗乞者也有之。有个美国记者甚至这样报道过我们某位谈判时迟到的"官员"：一位美国商人向一位中国谈判代表指出他来迟了。他指着商人戴的名手表说："如果我有一块像你这样的表，我与你们见面就不会迟到了……"这种寡廉鲜耻的丑行，实在有辱国格！

不卑不亢，从根本上讲就是平等待人，在比自己强的人面前，不要萎缩；在比自己弱的人面前，不要骄纵。地位有高低，学问有深浅，但所有的人，人格都是平等的。诚如鲁迅所说，不要把自己看成是别人的阿斗，也不要把别人看成是自己的阿斗。

宠辱不惊，
看庭前花开花落

"宠辱不惊"，意即得荣受宠和受侮遭辱都不感到惊异，这里的"宠"，生发开去，也可理解为得志的时候；"辱"，则可理解为落魄的时候。

有一种人，一旦得荣受宠，便得意忘形。《晏子春秋》中有这样一个故事：晏子是齐国的宰相，有一天坐着马车外出，经过闹市。马夫的妻子立在路旁家门口，看见自己的丈夫高高地坐在驷马大车上，神气活现地挥着马鞭，洋洋得意地吆喝着。等马夫回到家里，妻子打起了包袱，要同他离婚。马夫慌了，忙问原因。妻子说："晏子虽然身长不到六尺，乃是一国堂堂宰相，名闻诸侯。今天我看他坐在马车上，低头沉思，态度谦虚；而你呢，虽然身长八尺，不过一个马夫，看你赶车时那副神气和派头！我不愿跟一个自以为是的人过日子。"马夫听了很惭愧，以后每次赶车，都十分检点自己的言行。

晏子身为宰相，在国人面前实属"大宠"之人，然却谨小慎微，宠而不惊；车夫只是"小宠"，却不知轻重，当然要被他妻子责怪！

这种"受宠"而不知轻重者，生活中也不鲜见。一位高中毕业生，因为考上了名牌大学，便趾高气扬，再也瞧不起昔日的同窗好友。一位落榜生上门找他几次，他便不耐烦，而且借故写下绝交信，请对方此后勿再登临"寒舍"。

一位小公务员，因为当上了副科长，便鼻子朝天，斜着眼睛看人，见到同学旧友，说话打哈哈，拿腔拿调，爱理不理，冷若冰霜。

一位文学青年，在报刊上发表了几篇小说，自以为水平高，见了左邻右舍，都不打招呼，自觉"鹤立鸡群"，不愿意与碌碌之辈为伍。

……

面对这些自鸣得意的弃旧交者，人们当然有理由嗤之以鼻：德行！

这类人是多么浅薄啊！不难想象，当他们落魄时，一定是一种可怜巴巴的狼狈相。

天宝元年，李白来到京城赶考。他听说考官是太师杨国忠，监官是太尉高力士，二人皆爱财之辈，倘不送礼，纵有天大的本事也得落第。李白偏偏一文不送。

考试那天，李白一挥而就，交了头卷。杨国忠一看卷头上李白的名字，提笔就批："这样的书生，只好与我磨墨。"高力士说："磨墨算抬举了，只配给我脱靴。"便将李白推出考场。

一年后的一天，有个番使来唐朝递交国书，上面全是一些密密麻麻的鸟兽图形。唐玄宗命杨国忠开读，杨国忠如见天书，哪里识得半个？满朝文武亦无一人能辨认。唐玄宗勃然大怒："枉有你们这班文武，竟无一个饱学之士，为我分忧。这书认不得，如何发落番使？限三日之内，若无人认得，文武官员一律停发俸禄；六日无人认得，统统问罪。"

后来，有人推荐李白。他走上金殿，接过番书，一目十行，然后冷笑说："番国要大唐割让高丽一百七十六城，否则就要起兵杀来。"玄宗一听，急问文武百官有何良策？群臣面面相觑，吓得一个个目瞪口呆。无奈，玄宗转向李白。李白说："这有何难，明日我面答番书，令番国拱手来降。"玄宗大喜，拜李白为翰林学士，

赐宴宫中。

第二天，唐玄宗宣李白上殿，李白见杨国忠、高力士站在两班文武之首，便对唐玄宗说："臣去年应考，被杨太师批落，被高太尉赶出，今见二人甲班，臣神气不旺。请万岁吩咐杨国忠给臣磨墨，高力士与臣脱靴，臣方能口代天言，不辱君命。"唐玄宗用人心急，顾不得许多，就依言传旨。杨国忠气得半死，忍气磨墨，然后捧砚侍立。骄横的高力士强吞怒火，双手脱靴，捧着跪在一旁。

李白这才舒了一口气，写了一封陈述利害的诏书，番使听了吓得魂散，连连叩头谢罪。

李白受辱不惊，最后得以雪耻。后来，李白还受宠一时，但是，他却主动向玄宗上书，要求离去。李白在《梦游天姥吟留别》诗中写道"安能摧眉折腰事权贵"，这正表达了他平生蔑视权贵的思想。

这里，以画家刘海粟的对联作为本篇的结尾：

宠辱不惊，看庭前花开花落；
去留无意，望天上云卷云舒。

当一个
"最能保密的朋友"

　　据一位朋友说，美国人交朋友有不少准则，但是，交友的第一准则是"为对方保密"。乍然一听，感到有些奇怪，为什么不是别的，偏偏把"为对方保密"定为第一准则呢？

　　秘密，是任何人都有的。一个孩子，长到十三四岁，自我意识增强了，他就开始在一定范围内向别人保密，就是对最亲近的父母，也得"保"那么点"密"。可是，对自己的好友却可以敞开心扉。但是，有一个条件，他把自己的秘密告诉了你，你得为他保密，不然，以后他就再也不会把秘密告诉你了。这种要求朋友保密的愿望，随着年岁的增长，愈来愈强烈。

　　一个人总有一些纯属个人私事的东西，这些"隐私"，知道的范围就不能太广，有的就只能在自己与挚友之间"你知、我知"。英国杰出的剧作家莎士比亚在一首题为《乐曲杂咏》的诗中写道："朋友间必须是患难共济，那才能说得上真正的友谊：你有伤心事，他也哭泣，你睡不着，他也难安息，不管你遇上任何苦难，他都心甘情愿和你分担。"对自己的有些"伤心事",譬如家庭纠纷、生理缺陷、个人恩怨之类,这些个人的"隐私",一个人闷在心中实在难耐,也无济于事。于是,一般就会向自己的知心好友倾吐,目的是为了赢得朋友的同情、爱怜,及时帮助自己出点子,想办法。如果有一个友人,把朋友告诉他的"悄悄话"公之于众,可能会引起不少人的风言风语,甚至有人会歪曲真相,故意夸大其事,不仅不利矛盾的解决,相反还会把事情搞坏呢!

而且,朋友把自己的"隐私"告诉于你,即使没有叫你保密,也表明了他对你的极度信任。对此,你只有为他分忧解愁的义务,而没有把这种"隐私"张扬出去的权利。如果张扬出去势必会失去

朋友的信任，以后人家就再也不敢和不愿把自己的"隐私"告诉你了。如果是无意间的"泄密"，那还情有可原，认真向朋友解释，取得朋友的谅解就可以了；假使故意张扬，以充当"小广播"为能事，那就可以说是不道德了。

在朋友纠纷中，因流言蜚语而生的矛盾占有相当比例。按内容划分，大体分两类：一是猜疑型，譬如看到某男某女来往密切，便断定人家关系不正当；看到某某去谁家门口多站了一会儿，便断定人家是"侦探"等等。自己捕风捉影不算，还往往忍不住找别人咬耳朵去。二是传播型，比如看到谁对妻子恭敬一点，马上到处张扬，送人一个绰号"妻管严"；听到谁过去的一段逸事，也八卦得天花乱坠。

古人是深知飞短流长的危害的，所以给我们留下了许多训条："良言一句三冬暖，恶语伤人六月寒"，"刻薄语，秽污词，市井气，切戒之"，"未见真，勿轻言"……著名作家屠格涅夫也给我们留下一句格言："开口之前请把舌头在嘴里转十个圈。"

　　一个成熟的思想的形成，往往要有一个过程。在成熟的思想形成之前，一个郑重的人往往把自己的思想作为"秘密"贮存着，只对少数的友人倾诉，以充分征求友人的意见，在友人的帮助下形成比较完备的思想之后，再公之于世。在这之前，作为"得风气之先"的好友，也应为之保密，因为把友人不成熟的思想泄露出去，那将会损害友人的形象，也是友人所不希望的。马克思住在巴黎的时候，诗人海涅经常到马克思家做客，他们之间的友谊是深厚的，正像马克思自己说的，两人达到了"只要半句话就能互相了解"的地步。海涅的思想在当时是相当进步的，他写下了一篇又一篇战斗的诗篇，夜晚，就到马克思家来朗诵自己的新作。马克思和燕妮就一起与他加工、修改、润色，但马克思从不在别人面前"泄露天机"，直到海涅的诗作在报章上发表为止。海涅称马克思是"最能保密的朋友"。正因此，他们的友谊为世人所羡慕，所称颂。

　　只有"守口如瓶"，才能得到朋友的信赖，友谊才能不断加深。反之，如果不把"保密"作为一种义务，一种责任，而热衷于流短飞长，不但会失去朋友，甚至会失去周围同事对你的信赖，你最终可能成为孤家寡人。

交换苹果与交换思想

没有沟通，就没有理解。怎样沟通？我们从具体的夫妻关系说起吧。

世上有不少这类型的丈夫，对于妻子的事他们知道得很少，即便妻子时常在他们的耳边叽叽喳喳，说东道西，他们也是充耳不闻。美国曾有这样一条新闻：有一位先生的妻子在看晚间电视时猝死，而他却直至翌日醒来才发现。这事说来有点荒谬，但这正是不少丈夫的写照。

心理学家表示，男人和女人在某些时候，尤其是在处理感情的事情上，不但在思考方法上有所不同，所说的语言亦不一样。男人的脑子里总是把他们认为重要的东西如谋生、事业等放在第一位，而觉得家庭的琐事是女人的事，不应该麻烦他们。

很多丈夫甚至对妻子的行为十分不明白。他们不明白妻子为什么对样样事情都评头论足个没完没了，他们认为男人比女人干脆、实际多了，男人不会只花时间说东道西，他们会实际地考虑怎样把事情解决好。

而做妻子的，也会对丈夫的表现十分不满。她们抱怨自己的丈夫为什么做工作那么精明能干，但对于夫妻之间的沟通，却又那么无能为力。

如何加强夫妻之间的沟通？心理学家认为，男人的确是较难主动博取妻子欢心的。因此，需要妻子主动改变自己的态度。譬如说孩子调皮，妻子管不住时免不了要向丈夫诉说："喂！孩子越来越调皮了，真把我气坏了，你到底管不管！"丈夫一听这语调心就烦，顶多应付一句："再调皮你就狠狠地揍他！"丈夫这种敷衍的态度会使你自讨没趣。不妨把话改为："喂，你有没有发现，近来孩子有些新变化，比过去贪玩好动，你是否想想办法，让他学点什么？"这样会使你丈夫觉得你是在征求他的意见。他一定会认真对待。沟通也得有技巧啊！

典型的丈夫需要爱情、感情上的支持，生理上的满足，需要一个女主人，一个妻子、母亲、朋友的混合体。而他所选择的女子往往又太年轻，感情不成熟，无力满足他的需要。

结了婚，他们都在努力改变对方。妻子常常以不再表露爱情以示惩罚，而丈夫则常常利用钱财或保持缄默来控制或操纵妻子。

解决问题的好办法是双方坐下来，学会就实际问题进行交谈。在这期间，妻子可能把丈夫看成是讨厌的家伙，觉得简直无法对付。而丈夫则可能把妻子看成是邋遢的管家，爱发脾气的怪物。如果他们为此而争执，不寻找问题的根源，那么他们极可能一辈子闹纠纷，或者离婚。

　　结婚几年后（甚至结婚前），双方便会觉得他们互相已很了解，实际并非如此。人类的性格是多面的。

　　有一位丈夫在专家的指导下，很有礼貌地对妻子说："我有几个要求。第一，希望你保持你在婚后第一年里所表现的爱情；第二，希望你整洁些；第三，希望你不要在公开场合纠正我的错误。"妻子吃了一惊，问丈夫为什么以前不告诉她，她还以为丈夫事事如意呢。丈夫回答说他也有错，他觉得不该批评妻子。这对夫妻就这三点要求认真地交换了意见。妻子第一次知道丈夫对自己的看法。妻子也向丈夫提出了三个想法。她说："第一，如果你晚上回家晚一些，要通知我；第二，对我的女友的过分欣赏使我感到嫉妒，希望你注意；第三，你从来不带我一起去看球，我觉得遗憾。"丈夫大吃一惊，说："你对球赛从来没有兴趣，我怎么知道你要去呢？"

　　思想感情的交流是婚姻成功的要旨和基本成分。有一些夫妇只在琐事上有话说，交谈往往因为互相指责而终止。一些夫妇发现有些事很容易引起争吵，因此他们便小心地避免谈及这些事，不予解决，而把它们积压在心中。解决这些麻烦事的关键在于找到突破口。

　　一对夫妇几年来为小事争吵不休，原因很简单：他们从来不直截了当地交谈，总是发"密电码"，但却希望对方能理解自己。妻子觉得丈夫怠慢了她的母亲，丈夫钓鱼时间花得太多。而丈夫觉得妻子与父母在一起的时间太长。如果双方说明了这些看法，并各自做相应的调整，婚姻关系就会和谐得多。

　　夫妻关系需要彼此沟通，由此及彼，其他的人际关系，何尝不是这样呢？

　　广义的沟通比夫妻之间的沟通有着更为广泛的内容，沟通不仅促进理解和谅解，而且还可以增进我们的智慧。英国大文豪萧伯纳曾经说过："倘若你手中有一只苹果。我手中有一只苹果，彼此交换一下，那么你我手中仍各有一只苹果。但倘若你有一种思想，我有一种思想，彼此交换一下，那么，各人将各有两种思想了。"

　　沟通情感，拉近距离，从而沟通思想，倘若真能做到这样，人际关系一定更加和谐，我们的生活一定会平添许多色彩。

怎样使自己更受欢迎

　　威廉·费尔普是美国耶鲁大学的文学教授。他在《论人性》一文中说："我八岁的时候，有一次到姨妈家里去度周末。晚上，有一个中年人来访，他跟我姨妈寒暄了一阵子后，便把注意力集中到我身上来。那时我正对帆船十分着迷，这位中年人就劲头十足地跟我讨论起帆船来。我兴奋极了，甚至当他走的时候心里还恋恋不舍，盼望他明天再来。我对姨妈说：'这个人真好，他对帆船那么有兴趣！'可是姨妈却淡淡地说：'他是一个律师，才不会对帆船感兴趣呢。'我非常诧异，说：'那他怎么会和我谈得那么起劲呢？'姨妈的回答我永远也忘不了。她说：'因为你对帆船有兴趣，他就谈一些使你高兴的事。他这样做是为了使自己受欢迎。'"

　　这样投其所好是不是有一点耍滑头？不，我以为这叫因人而异，体察入微。对别人感兴趣的东西也表现出兴趣，是对别人的尊重。谁不希望别人对自己最喜欢的事物感兴趣呢？

　　鲁迅不是个社交家，但他很懂得社交的艺术。他对不同身份的人，是区别对待的。对文人墨客，他以诗文应酬，在他的诗文集中，有不少就是这类作品；对青年学者，他热情辅导，为此，不惜牺牲许多宝贵的时间；对劳苦大众，他同情关切，为了让人力车夫等劳苦大众有杯茶水可喝，他还在上海四川北路的内山书店门口设了个茶桶，免费为他们供水。就是在公众场合演讲，鲁迅也很注意对方的身份。一次，鲁迅到厦门的平民学校去演讲，他知道这些平民子弟渴望求取知识，但由于长期受压抑，对能否学好又都存有疑惧心理。鲁迅掌握了这一心理，在演讲中专门讲了这段话："你们都是工人、农民的子女，你们因为穷苦，所以失学。但是，你们穷的是金钱，而不是聪明和智慧。你们贫民的子弟一样是聪明的，你们贫民的子弟一样是有智慧的。没有人有这样大的权力，能够叫你们永远被奴役，也没有什么命运会这样注定：要你们一辈子做穷人。你们能够奋斗，一定会成功，一定有前途。"这几句话，博得了满堂掌声，不少人激动得眼睛都湿润了。因为鲁迅先生说的这些，像鼓点一样震撼着每个人的心。

当然，单单研究社交对象的身份还不够。事实上，相同身份的人，他们的个性特征还是有很大不同的。因此，在研究社交对象的身份的基础上，还必须细致地研究社交对象的个性特征。同是知识分子，他们的脾气、兴趣、爱好、习惯，还是很不相同的。如果张冠李戴，那势必把关系搞坏。一次，巴尔扎克经过几个小时的连续写作，实在支持不住了，对一个来访的朋友说："我睡一会儿，请你一小时后叫醒我。""好吧！"朋友随口答应着。巴尔扎克倒在床上便呼呼睡着了。一小时过去了，朋友看到他睡意正浓，"好心"地想："他太累了，让他多睡一会儿吧！"不忍心叫醒他。这位朋友不知道巴尔扎克最重要的是"守时"。过后，巴尔扎克醒来了，一看，超过了一小时，他几乎是跳起来冲着朋友吼道："你，你，为什么不叫醒我？耽误了我多少时间！"他根本不去理会朋友的解释，趴在桌上就认认真真地写了起来。看，这位朋友由于不了解巴尔扎克的习惯，结果好心反讨了个大大的没趣，据说，为此还差点断了交呢！

有人说，有一千个人就有一千种性格。从人物性格的多样性和差异性角度看，这是正确的。我们在社交过程中，要学会对人的性格做具体分析。对性格活泼者，可以随意调谑，开个玩笑什么的也可以；对秉性拘谨而抑郁者，则宜于推心置腹地促膝谈心；对于性情耿直者，可以直言不讳，即使偶有失言，也无碍大体；而对于敏感而多疑者，则应掌握措辞的分寸，出言之前，应思之再三，力求辞能达意。在这些方面，都要"见机行事"，只"一刀切"那是要失败的。

有时随着社交过程的开展，社交双方的心境也会发生奇妙的变化。因此，一个善于社交的人，还必须体察对方的现场心理。平时十分拘谨的人，在喜庆的气氛下，人逢喜事精神爽，他也可能会一时变得活跃起来。在此时此地，如果你能抓住对方的这一特殊的现场心理的"一瞬间"，邀他跳一次舞，或者请他唱支歌，也许可以产生极好的社交效果。而有些平时表现得温文尔雅的"书生"，在特殊情况下也会暴怒不已，如果你在这种情况下去火上添油，那结果只能是自讨没趣。

马克思怎样与恩格斯争论

　　对任何一件事情，不同的人，常有不同的看法。就像鲁迅先生所说的，一部《红楼梦》，"单是命意，就因读者的眼光而有种种：经学家看见'易'，道学家看见淫，才子看见缠绵，革命家看见排满，流言家看见宫闱秘事"。将这些不同的看法形之于言论，就会引起争论。生活中到处都有矛盾，人们随时会有歧见，因此，互相之间开展不同形式的争论，是正常的，也是在所难免的。

　　问题是应该以什么态度进行争论？怎样进行争论？如何看待争论？我认为，应该"求同"，在争论中提高；允许"存异"，不同观点的存在，这是不可避免的。

　　马克思和恩格斯争论问题就是这样。当时法国有个自然科学家叫比·特雷莫，写了一本《人类和其他生物的起源和变异》的书。马克思认为这是一本"很好的书"。恩格斯却认为这本书"没有价值"。两人的意见得不到统一。通过反复的、尖锐而又友好的争论，马克思终于接受了恩格斯的部分看法；而对另外一些问题，则持保留态度。这样求同存异，通过争论使各自的意见都向真理前进了一步。

原则问题需要争论，但是，一些枝节问题大可不必争得面红耳赤。二战结束不久的某天晚上，卡耐基在伦敦参加史密斯爵士举办的宴会。宴席中，坐在卡耐基右边的一位先生讲了一个幽默的故事，并引用了一句成语，大意是"谋事在人，成事在天"。他说这句话出自《圣经》。"什么？圣经？！"卡耐基知道这句话不是出自《圣经》，而是出自莎士比亚的《哈姆雷特》。为了表示优越感，卡耐基纠正了他。不料引起了对方的反唇相讥："你说是出自莎士比亚？不可能！绝对不可能！那句话确确实实出自《圣经》。"

卡耐基的老朋友葛孟也在场，他研究莎士比亚的著作已有多年。这时，却在桌下用脚踢踢卡耐基，说："卡耐基，你弄错了，这位先生是对的，这句话是出自《圣经》。"

回家的路上，卡耐基问葛孟："你不是明明知道那句话出自莎士比亚吗？"

"是的，"他回答，"《哈姆雷特》第五幕第二场。可是卡耐基，我们是宴会上的客人。为什么一定要证明他错了呢？那样会使他喜欢你吗？为什么不给他留些面子？卡耐基，你干吗要跟他抬杠呢？应该永远避免跟人家正面冲突。"

永远避免跟人家正面冲突！世界上只有一种能够在争论中获胜的方法，那就是避免争论。像躲避响尾

蛇和地震那样避免争论。

　　人情世事是非常复杂的，有的问题因为种种原因，公说公有理，婆说婆有理，是根本争论不清楚的。明朝陈耀文在《天中记》讲了一个小寓言：有一次，夜里睡觉白天飞翔的燕子与白天睡觉夜晚活动的蝙蝠争论起来。燕子认为日出是早晨，日落是傍晚；蝙蝠却认为日落是早晨，日出是傍晚。它俩叽叽喳喳，争论不休。燕子**和蝙蝠由于生活习惯和所处的环境不同，对晨夕持不同看法，这个看法是永远不会统一的。**

从这则寓言我们可以得到这样的启示：争论必须看清对象，与根本没有争论基础的人争论，是永远争不出名堂来的。此时，一笑了之，岂不最好？

有时候，激烈的争论，可能会使人一时丧失理智，甚至动了干戈。到了这一步，不少人就成了终生的敌人。而华盛顿则不然，他有着化仇为友的魅力。

1754年，华盛顿还是一位上校，率领他的部下驻守在亚历山大里亚。那里正在选举弗吉尼亚议会的议员。有一名叫威廉·佩思的人反对华盛顿所支持的候选人。

据说，华盛顿与佩思在关于选举问题的某一点上发生了剧烈的争论，他说了一些冒犯佩思的话，佩思把华盛顿一拳打倒在地。华盛顿的部下马上围了过来，准备替他们的司令官报仇。华盛顿当场加以阻止，并劝说他们返回营地。

第二天一清早，华盛顿递给佩思一张便条，要求他尽快到当地的一家小酒店来。

佩思如约到来，他是准备来进行一场决斗的。令他感到惊奇的是，他所看到的不是手枪而是酒杯。

华盛顿站起来迎接他，并笑着伸手过去。

"佩思先生，"他说，"犯错误乃人之常情，纠正错误是件光荣的事。我相信昨天我是不对的，你已经在某种程度上得到了满足。如果你认为到此可以解决的话，那么请握我的手——让我们交朋友吧。"

从此以后，佩思成为一个热烈拥护华盛顿的人。

己所不欲，勿施于人

小孩子受了大孩子的欺负，刚哭过鼻子，转过身，他又欺负起比他更小的孩子；张三造李四的谣，李四忿忿然。但事过不久，他却也如法炮制，也回敬了张三一些莫须有的罪名；自己被别人穿小鞋，而一旦有了一官半职，也整起别人，以让别人唯命是从为乐；还有一些人，因为自己吃过苦头，对腐败深恶痛绝，可一有机会，自己也大搞腐败……

凡此种种，不一而足。

西方不少哲人十分欣赏孔夫子的一句话："己所不欲，勿施于人。"认为这充满了与人为善、善解人意的博爱与民主精神。按照孔子的意思，是说凡自己不愿干和不愿忍受的事，不要强加到别人头上，因为别人和你一样，对于强加给他的东西，同样是不愿干和不愿忍受的。孔子认为，只有这样，才能"在邦无怨，在家无怨"，就是说，能做到"己所不欲，勿施于人"，就可以在社会上，在家庭中，都没有怨言。

　　我以为，"己所不欲，勿施于人"，也就是推己及人，设身处地的意思，就是从别人的角度多想想。肯尼斯·吉地在他的著作《如何使人变得高贵》中有一段意味深长的话："暂停一分钟，冷静地想想：为什么你对有些事情兴趣盎然，而对另外一些事情却漠不关心？你将会知道，世界上任何人都有他最感兴趣的事情，也有他漠不关心的事情。最感兴趣和漠不关心都是有原因的。如果你能从别人的角度多想想，你就不难找到妥善处理问题的方法，因为你和别人的思想沟通了，有了彼此理解的基础。"

　　有一位叫山姆·道格拉斯的美国人，过去常常说他的太太花太多的时间整修他们家的草地。他批评她说，一个星期她这样做两次，而草地看起来并不比四年前他们搬来的时候更好看。这使她大为不快。他每次这样说，那么，晚上的和睦气氛准被破坏无遗。

　　后来，他看了一本书，告诉他生活常常需要站在他人的角度来思考人和事。这时，道格拉斯先生开始看出了自己的愚蠢，他从来没想到太太在修整草地的时候，自有她的乐趣，以及她渴望她的劳动得到别人的赞赏！

　　一天晚上吃完晚饭以后，他太太说要去除草，并且想要他陪她一起去。他先是拒绝了，但是稍后他又想了一下，决定跟她出去，帮她除草。她显然极为高兴，两个人一同辛勤地工作了一小时。自那以后，他常常帮助她整理草地，并且赞扬她，说她把草地整理得很好看，把院子中的泥土弄得像水泥地一样平坦。尽管这很难说是他的由衷之言，但两个人都感到更加快乐，因为他学会了站在她的立场上想问题。

　　有时候，别人也许的确是错误的，或者一时很难说对和错，他本人并没有认识到这一点，那么，你也不要急着去责备他，重要的是，我们要意识到自己也有很多过错，我们应该用聪明的态度去理解和宽容别人。这样，你才会在别人心目中成为一个通情达理的人。

　　有一天，丘吉尔应邀到广播电台去发表重要演说。他招来一部计程车，对司机说："送我到BBC广播电台。"

　　"抱歉，我没空，"司机说，"我正要赶回家收听丘吉尔的演说。"

　　丘吉尔听了很高兴，马上掏出一英镑钞票给司机。

　　司机也很高兴，叫道："上来吧！去他的丘吉尔！"

　　丘吉尔大笑，说："对，去他的丘吉尔！"

　　由于丘吉尔对人性的了解，没有因为一个英镑的后果而生气。他能站在对方的位置来理解对方的观点，这时他已完成了自我消失，成为一个努力使别人愉快的人。

　　生活中有这么一种人，他们是"己所不欲，要施于人，硬施于人"，像我们平时说的"对别人马列主义，对自己自由主义"，"满嘴仁义道德，一肚子男盗女娼"，都属于这一类型。就拿"穿小鞋"来说吧，谁都知道，鞋小脚大，穿在脚上又疼又难受，一扭一扭地走不了路。然而，有的人自己不愿穿小鞋，却硬把小鞋套到别人的脚上。谁要是给他提点意见，如果哪个捅了他的疮疤，或有人向上级机关反映过他的什么问题，他就耿耿于怀，没齿不忘，只要权力所及，一有机会，便奉送小鞋一双。这种人摆出公事公办的面孔，披着合理合法的外衣，唱着仁义道德的高调，贩卖的却是见不得人的私货，实行的是暗中报复的伎俩。他们把自己所"不欲"的东西，毫不顾忌地"施"给了别人，唯独不曾想一想，这样做对别人将会有怎样的伤害！

还有一种人，他身上似乎有一种"离心力"，他到了哪里，人们会立刻离他而去。对此，他觉得是一个谜。他本领强，工作能干，也想和别人亲近，却不能如愿以偿。他懊丧地发现，比他能力低的人，却到处受人欢迎。他没有觉悟到，他不受人欢迎的关键，就在于他的自私心理。他总是为自己打算，却从不肯花些时间，抛掉自己的事情，去为他人打算。每次和人谈话，他总要把话题拉到他自己的事上去。

一个只顾自己而不管别人感受的人，一辈子也吸引不到朋友。但一旦他对别人的事能感兴趣，表示关心，他立刻会具有一种吸引力。他和别人之间，则由"相斥"变为"相吸"了。

要想吸引朋友，本身必须有可爱的品性。自私、小气、嫉妒，以及不乐于成人之美，不喜于闻人之誉的人，不能获得朋友。总之，我们要切实做到推己及人，多为别人着想，如此，才能获得真正的友谊。

不求"理解"

　　理解，固然是很美丽的，谁不渴望理解呢？"理解万岁"感动了多少人啊！然而，事实上因为年龄、性格、职业、知识结构、品德修养、生活经历等因素的影响，我们不承认，人和人之间有时是很难互相理解的。于是，脆弱的人把许多精力放在"求理解"上，到处自我表白，宣扬自己，把别人不理解自己当作最大的痛苦。似乎他的生存，他的工作，他的事业，不是他对必然的认识的需要，不是对社会的责任的需要，而仅仅是为了让人家知道，做给别人看。道理本来是不言而喻的，就像你不是为了理解别人而工作一样，别人不是为了理解你而生存。这是自然的事。过分求人理解的人，一旦被误解了，便脆弱地感叹世态炎凉呀，他人自私呀，社会无情呀等等，耷拉着脑袋，沮丧得很。接着，便自我逃脱了，让脆弱的心灵躲进洒过香水的平静的臭水沟、死水湖，还自视清高！

　　这样的人，是不会平等地平心静气地和朋友相处的。

　　如果你过分希望得到理解，得到他人的赞成或默认，当你未能如愿以偿时便会十分沮丧。这正是自我挫败因素之所在。同样，当寻求理解成为一种需要时，你就会将自己的一部分价值奉献给"外人"。假如某些人误解了你（这是经常发生的事），你就会产生惰性。这是将自我价值置于别人控制之下，由他人随意抬高或贬低。只有当他们决定施舍给你一定的理解之辞时，你才会感到高兴。

人在生活中必然会遇到反对意见，会被误解。这是你为"生活"付出的代价，是一种完全无法避免的现象。有一位叫奥齐的中年人，他是一个典型的过分渴求理解和赞许心理的人。奥齐对于现代社会的各种重大问题，如人工流产、中东战争、美国政治等，都有一套自己的见解。每当他的观点受到嘲讽时，他不是坚持自己的观点，而是为了别人的"不理解"而痛苦不堪，甚至最后对自己产**生了怀疑。为了使自己的每一句话和每一个行动都能为人理解，他**

花费了不少心思。有一次，他和岳父谈话，表示赞成无痛致死法，而当他察觉岳父不满地皱眉头时，几乎本能地立即修正了自己的观点："我刚才是说，一个神志清醒的人如果要求结束其生命，那么倒可以采取这种做法。"奥齐为了让别人理解、赞同自己的观点，实际上不知不觉地修正了自己的观点。当奥齐注意到岳父表示同意时，才稍稍松了一口气。这样去求得理解和赞许又有什么价值可言？

要想精神愉快，就要心理独立，提高心理的强硬度。能得到别人的理解固然很好，而他人不理解或者误解了，这也无关紧要，你仍然要微笑着面对生活。

有这样一则小寓言：

一只老猫见到一只小猫在追逐自己的尾巴，便问："你为什么

要追自己的尾巴呢？"小猫答："我听说，对于一只猫来说，最为美好的便是幸福，而这个幸福是我的尾巴。所以，我正在追逐它，一旦我捉住了我的尾巴，便将得到幸福。"

老猫说："我的孩子，我也曾考虑过宇宙的各种问题，我也曾认为幸福就是我的尾巴。但是，我现在已经发现，每当我追逐自己的尾巴时，它总是一躲再躲，而当我着手做自己的事情时，它却总是形影不离地伴随着我。"

同样道理，如果你希望得到理解和赞许，最为有效的办法恰恰是不去渴望、不去追求，不要求每个人都理解和赞许你。只要你相信自己，并且以积极的自我形象为指南，你便可以得到许许多多的理解和赞许。

一个人不可能事事都得到每个人的理解和赞许，但是，如果你认识到自己的价值，在得不到理解和赞许时便不会感到沮丧。你将把反对意见视为一种自然现实，因为生活在这个世界上的每一个人，都对世事有自己的看法。

不以尊卑定冷热

人和人的关系，往往不是简单的我和你的关系，常常是我你他，三角四角，甚至五角六角关系。怎样处理"多角关系"？如何做到不偏不倚？

某君的家宴上坐着男主人、他的上司，以及男主人的几位同事。酒菜已经摆满整个桌面了，可是，围着白布裙的主妇还在把一盘盘热气升腾的菜端来。男主人站起来，把上司面前吃得半空的菜盘推向他方，接过热菜放在上司面前，热情有余地给上司夹菜，添酒，而对其他同事只是敷衍地说声"请"。这样"尊卑有别"的款待，多少使男主人的几位同事有点难堪，其中两位竟忿忿然起来，未等宴席告终，就"有事"告辞了。

如此款待客人的方式当然是令人生厌的，只能使人感到主人的俗不可耐和"势利眼"。不然，为什么对上司是那样的热诚、谦恭，而对其他同事又是那样的冷漠呢？这样做，不但不能通过家宴这种社交方式增进主客之间、客人之间的友谊和了解，相反，会在人与人之间人为地造成种种隔阂。像那位愤然离席的客人，实际上就是用无声的语言表达他对主人的不满。

中国有句古语叫作"一人向隅，举桌皆惊"。当客人怀着欢欣的心情坐到你的家宴席上来的时候，他们倒不是为了吃点喝点什么，而是想通过这种社交形式互诉衷肠、互诉友情。只要主人能以平等的态度对待每一个客人，那么，家宴桌上的"皆大欢喜"是不难做到的。而如果"热"此"冷"彼，那样，"冷"者当然不高兴，而"热"者心中也不会好受，因为实际上那少数的"热"者，有意无意地被人推向了"冷"者的对立面，心里也会"为之不欢"起来的。据说，圆桌之发明，正是为了使入席者既无南面之尊，又无北面之卑，其中本身就隐含着"平等"二字。坐在象征平等的圆桌上进餐，而偏要人为地造出种种不平等来，岂不可笑？！

要做到一视同仁，应该注意哪些方面呢？

其一，毋以尊卑定冷热。当"官"的与一般平民之间在人格上是平等的，在日常生活的交往中也是平等的。在一般的家宴桌上，只要不是什么特殊需要，尽可以随意一点，那样有好处，甚至可以调节"官"与"民"关系。如果把"官"和"民"的关系延伸到宴会桌上来，那不仅不会使上司提高威信，结果只会适得其反。至于宴会主人想通过"官"建立关系而取得些什么，那在情操上就卑下了。

其二，毋以亲疏定冷热。在家宴席上，来的客人之中，会有与主人关系比较亲密的人，也有与主人关系一般的人，还会有与主人关系比较疏远的人。这并不奇怪，关键是当主人的要处理好亲疏关系。社交之大忌是对亲者热，对疏者冷。其实，亲者因为关系比较密切，相互之间比较了解，在宴会桌上反倒可以随便一些，不一定要热情地为之夹菜劝酒。疏远者因为双方不够熟悉，往往比较拘谨，不自然，作为主人应该多多关照，通过家宴这种特殊的社交形式使主客人间的关系有所改善。

其三，毋以礼品定冷热。赴宴的客人，一般都不好意思空着双手上门。上门时送点吃的、用的，或给主人家的小孩送点玩具和糖果之类，这也是人之常情，而且也有利于增添友好的气氛。在送礼上，我们一般提倡送"薄礼"，礼轻情意重，而不在于花钱的多少，最好还能送一点有纪念意义的，投主人之所好。而作为设宴的主人，不管别人是半张纸的秀才人情，还是破费的重礼都应一视同仁，同样要热情款待，同样要精心照料。

在特殊情况下，某些家宴请来的客人会有主宾和陪宾之分。这当然是允许的。在这种场合，对主宾应分外的"多多关照"，也是情理中事，但也不要忘了兼顾陪宾，切不可使陪宾有被冷落之感。这在社交中可算是一种艺术了。周恩来总理在这方面就处理得十分妥帖。一次，他设一午宴请日本著名乒乓球运动员松崎君代，无疑松崎是作为主宾了，而日本的"民间大使"西园寺公一夫妇，日本乒协负责人长谷川喜太郎和"智多星"荻村伊智朗则作陪宾。周恩来总理对主宾松崎当然招待得热情周到，席间专门做了合她胃口的饭菜，周恩来和邓颖超还轮流为她夹菜。可是，周恩来也时时考虑到陪客，不时穿插一点对其他人的问话。当给松崎送一些礼品的时候，也给这些陪客各赠了一瓶茅台酒，既考虑到有主客、陪客之别，又不冷落了哪一个。到最后，周总理还专门调头去向作为陪客的长谷川表示歉意，并征求他的意见。周总理谦虚、热情的待客态度，使主客、陪客都深受感动，尽兴而归。

当然，绝对的"一视同仁"是办不到的。譬如说进电影院吧，肯定也有先后；和人握手吧，也总要先你后他……我们既然知道只能做到相对的一视同仁，而无法做到绝对的不偏不倚，当别人对我们没有"一视同仁"的时候，我们也不要小心眼，耿耿于怀。要善解人意，学会为别人"开脱"，也许偶然忘记了？也许他们特别亲热，是因为有过特殊的经历……即使都不是，本来就没有绝对的一视同仁，我们也无法做到这一点，何必强求别人呢？

超级明星队为何惨败

1986年，英国足联请了当时各国的足球明星，如阿根廷的马拉多纳、苏联的达萨耶夫、法国的普拉蒂尼等，组成国际超级明星队。然而，就是这样的一支全球王牌队，与英国的足球联队比赛，结果却以零比三惨败。

为什么？原因当然很多。但据称，最重要的是由于各国球星们无法配合默契，各干各的，不能"同舟共济"。

再好的技术，再高的水平，没有合作精神，当然会惨败。

　　柏杨先生在《丑陋的中国人》一书中，对国民不能精诚合作的毛病有过入木三分的针砭，他说："每一个单独的日本人，看起来都像一头猪，可是三个日本人加起来就是一条龙，日本人的团队精神使日本所向无敌……在台北，三个日本人做生意，好，这次是你的，下次是我的。中国人做生意，就显出中国人的丑陋程度，你卖五十，我卖四十，你卖三十，我卖二十。所以说，每个中国人都是一条龙，中国人讲起话来头头是道，上可以把太阳一口气吹灭，下可以治国平天下。中国人在单独一个位置上，譬如在研究室里，在考场上，在不需要人际关系的情况下，他可以有了不起的发展。但是三个中国人加在一起——三条龙加在一起，就成了一头猪，一条虫，甚至连虫都不如……中国有一句话：'一个和尚担水吃，两个和尚抬水吃，三个和尚没水吃。'人多有什么用？中国人在内心上根本就不了解合作的重要性。"柏杨接着把中国人和犹太人做了对比："像报上说的：以色列国会里吵起来了，不得了啦，三个人有三个意见。但是，一旦决定了之后，却是一个方向，虽然吵得一塌糊涂，外面还在打仗，敌人四面包围，仍照旧举行选举！在我们中国，三个人有三个意见，可是，跟以色列不一样的是，中国人在

决定了之后，却是三个方向。好比说今天有人提议到纽约，有人提议到旧金山，表决决定到纽约。如果是以色列人，他们会去纽约的。如果是中国人，哼，你们去纽约，我有我的自由，我还是去旧金山。"

柏杨的论述，有言过其实之处。应该说，"中国人"这个概念太宽泛了些，但如果指某些作为个体的中国人，可以说是剖析得淋漓尽致的。

人是社会的人，每个人都是无穷长的"社会链"中的一环。"人人为我，我为人人"，客观上指出了人与人相互依赖的关系，因为相互依赖，所以必须相互合作。一个篱笆三个桩，一个好汉三个帮。

在一个家庭、一个整体中，因为大家朝夕相处，因而对彼此的毛病看得更清楚更透彻。人无完人，世界上找不到没有缺点的人，他这方面是优秀的，另一方面则可能是丑陋的；他这个时期是好的，到另一时期也许变坏了；他在某一环境中是善的，换了环境难说不萌生了恶……有人说，人性=天使+魔鬼。天使即人性美好的一面，魔鬼是人性丑陋的一面。那么，判断一个人是所谓"好人"还

是"坏人"的标准是什么？这就要看他心中是天使驾驭魔鬼还是魔鬼驾驭天使。

这里，至关重要的是，良好的群体环境，可以使人性中善的方面得到光大，恶的方面得到抑制。一个充满温情的群体环境，应该是能宽容他人的过失，大家都能将心比心地为对方着想，而不是抓了别人的丑陋面从而否认了他人美好的一面，并以此为理由不合作，甚至分道扬镳。

在群体环境中，我们越是成熟，对别人的需要越少，也就越能关心他人并满足他人的需要。这样的提问就不恰当："在我和他们的关系中，我怎样才能使我的全部需要得到满足呢？"应该这样自问："我能表现出多少爱来满足他人的需求呢？"

我们应该认识到：任何一件大事业，几乎没有人能独自到达成功的终点，只有共同的努力，才能把我们不断地引向顶点。

"言必信，行必果"

没有友谊，斯世不过是一片空白；而没有信任，则无友谊可言。

苏联作家班台莱耶夫写过一篇叫《诺言》的小说，主要内容是：一个七八岁的小孩，在公园里同几个比他大的孩子玩打仗的游戏，一个大孩子对他说："你是中士，我是元帅，这里是我们的'火药库'，你做哨兵，站在这儿，等我来叫你换班。"小孩子点头遵命，一直坚守着岗位。天黑了，公园要关门了。"元帅"还不来，"中士"又饿又怕，只是因为诺言在先，他不肯离开"火药库"。幸亏有人从路上找来一位红军少校。少校对孩子说："中士同志，我命令您离开岗位。"

这个故事，初看觉得好笑，细细想想，一个孩子那么信守自己的诺言，是很了不起的。

从古至今，人们公认"人之交，信为本"。交往必须讲信用，这是应当遵守的生活准则。尔虞我诈，互相失去信任，就会影响人和人之间的正常关系。

为了确保某事如期完成，处事的双方，往往可以经商讨达成协议，或立军令状，订契约，签合同。一旦一方背约，则将依约或罚或斩。但人们在共事时，更多的情况是凭信用，凭对对方人格的信任，相托要事，相信所托之事会如期实现。所谓"可信任""可信赖""信得过"，正是对讲信用的人的高度赞扬。

自古以来，我国人民对那些信守诺言的人是倍加称颂的。战国时，商鞅推行变法，为了取信于民，声称谁将木桩扛到指定的地点，谁就能得到重金奖赏。当时，许多人不相信，因为这是一件极简单的事。有人抱着试试看的态度，依要求扛了木桩后，果然获得了重金赏赐。通过这件事，秦国百姓认为，商鞅是个守信的人。于是，商鞅推行变法的决心，秦人尽信，新法得到了推行。《后汉书·范式传》中写范巨卿和同学张劭探亲分手时，范说两年后的这天访张劭。范、张两家相距两千里，临期时，张家的人皆不信范巨卿会践约，唯张劭深信不疑。果然，范如时到了张家。古代交通极不方便，时隔两年，相距两千里，准时赴约。他信守诺言，一直被传为佳话。《孔雀东南飞》里的焦仲卿和刘兰芝这一对恩爱夫妻，被迫分离，为了抗议封建礼教的迫害，两人约定"黄泉下相见"。结果一个"举身赴清池"，一个"自挂东南枝"。他们双双殉情，一方面引起人们对吃人的封建礼教的极大愤慨，另一方面也使人们对他俩信守爱情的诺言，感到无比的钦慕！至于矢志相爱的《梁山伯与祝英台》的故事，更是家喻户晓了。

"言必信，行必果"，这是我们中华民族的美德。当然，我们反对"言过其实"的许诺；也反对使人容易"寡信"的"轻诺"，我们更反对"言而无信""背信弃义"的丑行！有一个小伙子，有人托他买两张电影票，他说没问题。然而，事后人家却空等了一场。有人托他买两张展览会门票，他说："包在我身上。"等到展览会闭幕了，门票还是无影无踪。有人托他去火车站帮忙运行李，他一一应允，可是，等到火车开了，谁也没见他的身影。日久天长，朋友对他就渐渐疏远了。

在社交过程中，如果真能主动帮助朋友办点事，这种精神当然是可贵的。但是，办事要量力而行，说话要注意掌握分寸。因为，诺言能否兑现不仅有自己努力的程度问题，还有客观条件的因素。有些正常情况下可以办到的事，后来因为客观条件起了变化，一时办不到，这种情况是有的，这就要求我们在朋友面前不要轻率地许诺。有的事，明知办不到，就应向朋友说清楚，要相信朋友是通情达理的，是会谅解的，千万不要打肿嘴巴充胖子，在朋友面前逞能，轻率许诺。这样，不但得不到友谊和信任，反而会失去朋友。老子曰"轻诺必寡信"，就是这个道理。

这里我想讲一则寓言：

孔丘的弟子公冶长具有一种特殊的本领，能够听懂鸟类语言。

一天，有只鹞鹰飞落在他窗口上鸣叫，他侧耳细听，原来鹞鹰说："冶长，冶长，南边有死獐，你吃它的肉，我吃它的肠！"

公冶长放下书本，走出屋，跟随鹞鹰往南走，果然在不远的山坡上躺着一头死獐。公冶长见死獐膘肥体壮，无意把肠分给鹞鹰，背回家独自吃了。

鹞鹰殷勤送信，却连肉星也没得到，又气又恼，决心找机会报复公冶长。

隔了几天，鹞鹰又飞到公冶长的窗前，热情招呼道："冶长，冶长，南边有死獐，你吃它的肉，我吃它的肠！"

公冶长不知是计，把书本往案头一丢，拔腿就往外跑。跑不多远，眼前出现了一堆人，中间隐约躺了个东西。公冶长唯恐被人抢去死獐，边跑边喊："诸公休得动手……那是我打死的！"人们闻声立即闪开。公冶长跑到近前，不看则罢，一看顿时吓得两眼发直，原来地上躺了个死人，不是獐。

公冶长急忙申辩，但无济于事，人们七手八脚把他扭送到了公堂。

说话不老实，言而无信的人，迟早要倒霉的，受骗者一旦上当，就会总结经验，不会再受骗，有的还可能来个"以牙还牙，以眼还眼"。公冶长欺骗鹞鹰，聪明的鹞鹰便利用公冶长的贪婪心理，将他捉弄一番。这对很多人是一个深刻的教训。

设身处地为他人着想

　　查尔斯先生在纽约一家大银行供职，他奉命写一篇有关公司的机密报告。查尔斯只知道有一家工业公司的董事长拥有他需要的资料，他便去拜访这位董事长。当他走进办公室时，一位女秘书从另一扇门中探出头来对董事长说，今天没有什么邮票。

　　"我替儿子收集邮票。"董事长对查尔斯解释。

　　那次谈话没有结果，董事长不愿意提供任何资料。查尔斯回来后感到十分沮丧。然而幸运的是，他记住了那位女秘书和董事长所说的话。第二天他又去了，让人传话去说，他要送给董事长儿子一些邮票。董事长高兴极了，用查尔斯的原话说："即使竞选国会

委员也没有这样热诚！他紧握我的手，满脸笑容。'噢，他一定喜欢这张。瞧这张，乔治准把它当作无价之宝！'董事长一面连连赞叹，一面抚弄着那些邮票。整整一个小时，我们谈论着邮票。奇迹出现了：没等我提醒他，他就把我需要的资料全部告诉了我。不仅如此，他还打电话找人来，把一些事实、数据、报告、信件全部提供给我。出门时我想起一个新闻记者常说的话：此行大有收获！"

查尔斯满载而归。从遭冷遇到被热情款待，他成功的秘诀在哪里？在于设身处地，抓住了董事长的爱子之心。

有一个丈夫，因为妻子的旧情人从海外归来，很吃妻子的"醋"，差一点因理智控制不住感情，与妻子干架。他是这样描述当时的情景和心境的：

一天，她欢天喜地地跑回家："他回来了。"

"谁？"我莫名其妙。

她发觉失言了。不作声。然后，小声地问："你想知道吗？"

于是，我装着兴趣盎然的样子，听她讲起一个她昔日的追求者的故事，每当这样的时刻，女人的脸总是大放光芒。

"很动人。"我叹了一口气，只好这样评价。

她不失时机地问："他从加拿大回来了。他邀请我去宾馆吃顿饭。"

我愣了。一刹那间，在我脑际，闪过了此人曾经写给我妻子的情书中的那一串串火辣辣的字眼，这些字眼，又活泼泼地蹦着跳着。

然而，我能阻止她去吗？她让我知道这件事，我也能相信她。但心里还是七上八下……

妻回来了。她搂住我，那么使劲，如久别重逢一样，我竟感动得想流泪……妻悄悄告诉我，他在异国的家庭生活不是很美满，似有难言之隐……

当他离开祖国前，妻拉住我买了点礼物送给他，我也照办了。

在他那样的家庭环境，又是远在异国他乡，为什么不能在他心底的一个角落，对自己青年时代的初恋，永远保留着一个美好的梦想呢？人应当豁达地看待人生，只有这样，他才不会失去，而是真正地得到：不只是得到这个人，而是得到这个人的心。

接着，这位先生说了一些动人的实话："我怎样克制了自己，从而为他着想？我做到了设身处地，假如在海外的是我呢？假如我曾经有过一个情人呢？我的心里为什么不能有一个自己的角落？一样的，他又为什么不能呢？因此，我很快平息了感情的暴风雨。"

当一个朋友或亲戚遭受失去亲人的痛苦时，你是否觉得无能为力，束手无策？

多年来，列克星敦的保险商查克一直避开葬礼。"我认为我去不去都一样，"他说，"但当我妻子去世时，我看见在她葬礼上那么多的亲戚朋友都做出某种特殊的努力。我突然意识到对失去亲人的人来说，亲朋的安慰是多么重要。"

一些政府机构，像美国航空航天局也承认设身处地的重要性。"挑战者"号航天飞机失事后不久，遇难的七个宇航员的家里都有另一个宇航员的家庭成员在陪伴着他们。这些陪伴的人在每一个"挑战者"号宇航员的家里进行各种帮助：从旅行、食物安排到喂养宠物。休斯敦航天中心空间站项目的负责人克拉克说："尽管有着航天时代的各种先进技术，但仍然没有任何东西比人与人之间的帮助更有力。"

君子成人之美

　　《论语·颜渊》篇说："君子成人之美，不成人之恶，小人反是。"成人之美，就是帮助别人做成或实现其愿望。《西厢记》里的红娘，同情并促成张生与莺莺的爱恋，事发被拷，仍仗义执言，使有情人终成眷属。《水浒传》里的武松，不平于蒋门神霸占施恩的快活林酒店，行侠仗义，挺身而出，"醉打蒋门神"，夺回快活林。这些古代的故事，都可算得上是成人之美的义举。

　　每一个人的成功，都需要别人的扶助，苏秦、张仪，本是要好同学，苏秦深知张仪的学问在自己之上。可是，苏秦却先成功了，做了六国的宰相，张仪则依然落魄，来投靠苏秦。谁知，竟遭到苏秦的奚落，于是决计只身赴秦，自找出路。苏秦暗中派人沿途照料，补给张仪之所需，直到张仪高任秦相，才明白苏秦当初的用意，使张仪感激不尽。这种办法，是为了不使张仪依赖苏秦，而埋没他的才干。这在当时特定的历史条件下，可谓用心良苦，成全能者。在电影《张铁匠的罗曼史》中，有这样一组镜头：张铁匠的妻子腊月在濒临饿死的绝境里，被穷苦善良的农民刘忍搭救。在那以后的日子里，腊月母子与刘忍相依为命，组成了一个"新家"。后来，传说早已死去的张铁匠找上门来了。正当铁匠夫妻忧心忡忡、左右为难之时，刘忍得知来的人正是腊月的丈夫，便主动带上铁匠的儿子来认亲爹，让他们全家团聚，而自己悄悄地离开了北山……

人，都有七情六欲。可是，当自己的幸福以别人的痛苦为前提时，他们都自愿地放弃自己的幸福。这就是他们的高尚精神之所在。

"成人之美"的事，在今天的社会随处可见，如主动替友人值班，使其安心地去会女友；尽力帮助友人复习功课，掌握知识，使其早日榜上有名；主动支援一时经济拮据的友人，使其免除后顾之忧等等，总之，大凡是好事情、好愿望，你伸出热情的手，予以大力帮助，使之功成事就，都可以说是"成人之美"的君子行为，都是得人心，受欢迎的。因为这是一种高尚的行为，是助人为乐、利人利众的表现。

成人之美的人，自己也会有所"美"。电影《升官记》里的徐九经，秉公断案，不媚权贵，终使倩娘嫁得意中人。尽管后来得罪了王爷，丢掉了大理寺正卿的乌纱帽，但他心安理得，问心无愧。他成全了别人，同时也成全了自己的名节，受到人们的敬仰。

与成人之美相反的是助纣为虐，"助纣为虐"的人，也许会得意于一时，但终究不会有什么好结果。善有善报，恶有恶报，不是不报，时候不到，时候一到，一切都报。

成人之美，积德行善，获得的将是温情厚意；助纣为虐的人，终究会自食其果。

当他人身处逆境的时候

　　人生，不过短短数十年，一生中都是一帆风顺的人，几乎没有。大多数的人，都是五年小变，十年大变。有的自否而泰，有的自泰而否。人的能力不论怎么强，总有缺失，所以英雄也有潦倒之时；人的能力，虽很平庸，而一时灵机所动，也会成为很得意的人物。总之，得志与潦倒，顺境与逆境，都是经常有的事。我们应该怎样对待身处逆境者？

　　当一个人身处逆境的时候，他的心田往往是荒芜的。高考落选，这对在生活中初试锋芒的青年人来说，是多大的打击呀！有些人为此茫然失措，不知何以自处，心地空虚。

　　含冤受屈，遭受了莫名的打击，这对一个正直忠良的赤诚君子来说，是多大的不幸呀！有些人为此情绪低落，痛不欲生。

　　疾病缠身，病魔残酷地夺走了一个人的健康，留下伤残，留下痛苦，这对一个热烈追求美好生活的人来说，无异于当头一盆冷水。有人为此烦闷忧虑，终日悲啼。

　　在这时，作为一个当事人，他是多么殷切地期望着有人为他分忧解愁呀！正像落水人急切地盼望救援的手一样，他渴望着友情。如果你能帮助别人开垦荒芜的心田，那就能收获到友谊的硕果。

　　对一个人来说，绝对不是只有在风平浪静的时候需要社交，需要友谊。相反，当一个人身处逆境时，当一个人的心荒芜一片，没有鲜艳的花和青青的苗时，他更需要心灵的播种者来播撒期望的种子，更需要通过社交获取友情和温暖。而恰恰在这时，如果原先的社交者抛弃了身处逆境者，那么会使他感到分外的寂寞和痛苦。

　　写到这里，会使人想到司马迁。司马迁当太史令这一职务虽然不高，但能"出入于周卫之中"，与皇上有比较亲密的关系，这就决定了他的社交面很广。当司马迁春风得意之时，一般趋炎附势之徒，都热衷于与之交游；但在李陵之祸后，"交游莫救，左右亲近不为壹言"。司马迁在《报任安书》中批评了原先的"交游"者，这一点恐怕也隐含有警戒后人的意思。

　　社交也是发展的。社会越趋向于文明，社交越应该成为文明社会的一面镜子和一把尺子。现代社会生活中的文明社交，应该既体现社交双方在风和日丽条件下的互相友爱，还应体现在社交一方身处逆境时另一方对他的关切和体贴。

　　当社交一方身处逆境时，你应该在友人荒芜的心里播下希望的种子，让他从悲观失望的情绪中解脱出来。就拿高考落榜来说吧，你应该使你的友人懂得"榜上无名，脚下有路"的道理。大学的门虽然没有踏进，但学问和科学大厦之门却始终向人敞开着。只要对某方面的学习有信心和决心，又肯下苦功夫，不上大学也一样可以登堂入室，有所作为。发明显微镜从而发现了细菌的列文虎克，是荷兰一个市政府的看门人，他一生从未受过正规教育；德国物理学家伦琴，读中学时受诬陷被开除学籍，连高考的机会也没有得到过；大科学家、大发明家富兰克林、爱迪生、法拉第、史蒂芬逊、瓦特，大文学家安徒生、高尔基，工人哲学家狄慈根等人都没有上过大学。给友人讲这些，并劝其不要因为一时受挫而心灰意懒，甚至于一蹶不振了。

对真正犯了某种错误而情绪低落的友人，我们也不能因此疏远他。雨果在《悲惨世界》中说过这样的话："尽可能少犯错误，这是人的准则，不犯错误，那是天使的梦想。"这话说得绝妙。天使是子虚乌有的，谁也没有见过。即使有，要他不犯错误，也只是梦想。就拿诸葛亮来说，不照样也犯了失街亭的过失吗？诸葛亮尚且如此，何况我们这样一些凡夫俗子呢？要求别人不犯错误，本身就是一种错误。问题不在于犯不犯错误，而在于怎样正确对待错误，怎样从错误中吸取教训，使以后的路走得更好。

有经验的农民都懂得，种子撒下后，要使种子发芽、破土、成长，还需要精心护理，需要种种条件，其中一个重要的条件就是有适当的温度。同样，要使希望的种子在荒芜的心田萌生，作为友人就应有意识地给予相当的温暖。一般来说，身处逆境的人，思想感情的波动比较大。一次开导，想通了，过后又会想不通，又会苦恼，需要友人用种种方式不断温暖对方受伤的心。对方有什么实际困难，应当尽力为之解决。对方前进途中有什么障碍，应帮助排除。当对方由于空虚而产生莫名的焦躁时，应该陪他一起外出走走，到社交场合去喝杯酒，把重压在心头的尘埃抖掉。

好事之徒往往会用闲言碎语来有意无意地干扰身处逆境者的感情"复兴"。在这种情况下，作为友人，首先要开导当事者学会自我排解，正像但丁说的那样："走自己的路，让别人说去吧！"有了这样的胸襟和情怀，事情就好办多了。而当好事之徒在身处逆境者面前喋喋不休时，作为友人，应该挺身而出，为其打抱不平，使多嘴多舌者知耻而止，使身处逆境者因有所救援而奋然前行。

接受不加粉饰的自我

所谓自我宽容，就是对自己这个既真且朴，不加粉饰的自我形象的真诚接受，它意味着有这样的自知之明：我就是这么一个人，我无须在人们面前乔装打扮，我容得下自己的一切，包括我的缺点。

有些人巧装门面，借此来掩盖自己的愚蠢或贫困，遮瞒自己的口讷或无才，粉饰自己的空虚和懦弱……实际上，这是对自己的不宽容。这样的人在评价别人的时候，动辄就是"这小子愚蠢透顶"，"那家伙是穷光蛋"，"瞧他那模样，简直不像个男子汉"……凡此种种，不一而足。这些人热衷于对别人品头论足、妄加非议。

不会嫌弃自己的人，对别人的褒贬好恶也比较淡然；而自我嫌弃心理特别重的人，对他人也就非憎必爱，爱憎分明了。

自我嫌弃，想遮丑，往往事与愿违，反而露丑。在美国新泽西州的一个夜总会里，有一个电车车长的女儿，她想成为一个歌唱家，可是她的脸长得并不好看。她的嘴很大，牙齿很暴。在第一次公开演唱的时候，她一直想把上嘴唇拉下来盖住她的牙齿。她想要表演得"很美"，结果事与愿违，大出洋相。

她的一个听众，认为她很有天分。"我跟你说，"他很坦率地说，"我一直在看你的表演，我知道你想掩盖的是什么，你觉得你的牙长得很难看。"这个女孩显得有些尴尬。可是，那个男的继续说："这是何苦呢？难道长了暴牙就罪大恶极吗？不要想去遮掩，张开你的嘴，观众看到你不在乎的样子，他们就会喜欢你的。再说，那些你想遮起来的牙齿，说不定还会给你带来好运呢。"

她接受了他的忠告，从那时候开始，不再去注意她的牙齿，只

想着她的观众。她张大嘴巴，热情而高兴地唱着，终于，她成为当时电影界和广播界的一线明星。其他的喜剧演员还希望能学她的样子呢！

我有一个好友，出身寒微，小时候受过很多苦，在结交女友时，每当对方问起家世，他总是支支吾吾，神情犹疑不定，给人一种缺乏自信的感觉。而现在的姑娘，最需要的就是爱人的自信。因此，他总是谈不了几天就"拜拜"了。后来，我对他说，你为什么要和自己的家世过不去呢？你瞒得了初一，但瞒不了十五呀。她如果瞧不起你的家世，倒说明她是浅薄之人，还不值得你爱哩！于是，他接受了我的忠告，在与女友的交往中，不再感到自己卑微，

而有姑娘则认为他出身下层，受过苦，和这样的人生活有一种厚实感和安全感，他们终于结成了伉俪。他成功了。为什么成功？就在于摆脱了自我嫌弃而学会了自我宽容。

自我宽容和自我嫌弃的心理究竟是怎样形成的呢？这主要取决于一个人的幼年时代曾受到的对待。譬如说，一个孩子虽然生理上有缺陷，但他从周围的人们那里得到了温暖，得到关怀。这样，他人的爱护和关怀便在他心里留下了不可磨灭的印象。这种自我宽容的情感又反馈到他人身上，表现为对他人的温情厚意。这样的孩子就是人们通常所说的心地纯洁的少年。然而，在外界的鄙视和嘲弄下成长起来的孩子，由于他们习惯了人们的鄙视和冷眼，因此他们也就自卑自贱，颓废沉沦，结果也就形成了他们对外部世界冷酷的挑战心理。

自我宽容的实质就是自信，反之，自我嫌弃则是对自己的怀疑。无论怎样，我们应该保持本色。一个人想要集他人的所有优点于一身，是愚蠢而荒谬的。有高山必有深谷，一方面的长处就意味着另一方面的短处。"金无足赤"，此话适用于评价别人，也适用于评价自己。如果你不能成为山顶的一株松树，就做一丛小树生长在山谷中；如果你不能成为一丛灌木，就做一片小草，为大地增添一抹绿意……

"春好秋亦妙，夏天不失其美，冬天得其造化"——人们若能如此通达地看待事物，看待自己，心中一定会充满幸福，同时也能给他人以愉悦。

自立，将给我们带来幸福

人和人的矛盾，尤其家庭成员间的矛盾，往往是因为所谓较弱的一方对较强的一方的依赖造成的。较弱的一方成了累赘，而较强的一方则有被拖后腿的感觉。为什么会有这种现象？这是因为较弱的一方在为人处世方面，心理还不成熟，无法做到心理自立，既给别人造成麻烦，也给自己带来不愉快或痛苦。

在一个房间里，父亲、母亲、儿子正在激烈地争吵。

父亲对儿子喊："你的成绩怎么老是冲破不了'八十大关'？"

儿子不语。母亲也对儿子喊："说呀！有什么困难讲出来嘛！"

儿子把头一扬："有什么好讲的！都怪我没有一个'好爸爸'！"

母亲惊奇地望着儿子："话怎么能这么说呢？"

儿子："怎么不是呢？某某同学的父母给他请家庭教师，某某同学的母亲每天晚上给她辅导功课。你们呢，一问三不知！"

父亲感叹了："亏你还是个中学生！"

这位同学碰到困难的时候，不是以自己的毅力与智力去克服它，而是首先想到父母、老师这根"拐棍"。一旦遇上挫折，不是从自己身上找原因，而是把它一股脑儿推给师长，埋怨师长不尽心，这就是自立精神差的表现。

中学生不能自立，原因固然很多。平心而论，在这个问题上，也不能过分苛求刚刚进入中学的学生。既然是中学生，在他身上就必然存在着独立性与依赖性的矛盾。一方面，由于他感到自己长大了，可以独立了，希望在心理上与父母割断关系，即实现"心理的断乳"。另一方面，他对父母还有依赖性。这不单是因为他在经济上还离不开父母，还因为在心理上也无法实现完全的"断乳"，许多不大明白的事情还要向父母请教，一时不能做决定的问题还要父母拿主意。于是，在同师长的关系方面，就经常出现独立性与依赖性的矛盾。问题是，有些同学的依赖性太大了，恨不得让师长替他包办一切，这种心理状态，就是不正常的了。

人生在世，理应幼则仰食父母，长则反哺双亲才是。作为一个中学生，当然还没有"反哺双亲"的能力，但至少应该学会"自立"。"立"起来都办不到，又何谈跑、跳、飞？许多发达国家的青少年都很看重自立。他们一般到了十七八岁便设法在经济方面独立。找不到长期工作，不妨干临时工。一位亿万富翁的女儿，一边学习，一边到饭店干杂活，自己供自己念书。美国有的大资本家对年幼的子女每月只给极少的零用钱，如果不够花，那就要他们用擦皮鞋、除草、捉老鼠、打苍蝇等活动来赚取。对他们的"自立"，我们当然不能不顾国情不加分析地照搬照套，但他们看重自立的这一点，还是值得学习的。中学生不能做光靠别人喂养的填鸭，要学会做凌空飞翔的雏燕，用双翅去搏击风浪，去领略人生的无限风光!

如果小时候不注意培养自立的能力,到长大成人了,还会给人生带来许许多多无谓的矛盾。有的青年男女结婚后,小家庭里出现的问题,事无巨细都要向父母禀报,唯有如此,他们心里才觉坦然。这就是心理上无法摆脱对父母的依赖的典型表现。有一位妻子,因丈夫每天回家很晚,一气之下跑回娘家,哭哭啼啼地向母亲倾诉自己对丈夫的不满。有的丈夫大方地给母亲零花钱,而对妻子却吝啬得连一条手帕也不给买。有的人为配偶做的事情多了,良知上就觉得对不住父母,像是将父母抛弃了……感情凝固在父母身上的人,心里常常惶惶不安,老是怕得罪父母,因此,他怀着的不是成年人敬重父母的情感,而典型地表现为"希冀自己是父母的宠儿"的儿童心理。

为什么会产生这种感情凝固的心理现象呢?

人类最基本的心理稳定感是建立在与父母不可分割的感情基础上。也就是说,人要在世界上生存就必须依附在养育者的羽翼之下。摆脱对父母的眷恋心理就意味着个人自立,而个人的自立则伴随有失去依附的迷惘和不安。但一般说来,这种对父母的依恋之情会随着性格的成熟而逐渐转移;没法完成这种感情转移的人,就永远想依偎在父母身旁。一旦形成了对父母的眷恋情感,这些人就不可能与双亲以外的人有深入的感情交流。

当然,这里得强调一下:我们说在心理上摆脱对父母的眷恋情感,但这决不等于要冷淡父母,更不是忤逆父母。我们强调的是心理上的自立。只有做到独立自主地行事,又能体贴父母、尊敬父母，婚姻才能真正美满幸福。

不仅是对父母，即使夫妻之间也应该少点依赖，否则，婚姻是不会十分美满的。有这样一对夫妻，丈夫讨人喜欢，刚过三十岁，工作颇有成就；妻子漂亮、文静、温顺。他们有一个孩子。从任何方面说，他们比一般夫妇的状况都要好。可有一天丈夫突然告诉妻子，他爱上了另一个女子，并打算与她结婚，因此要与妻子先离婚。他们之间没有什么可以指责、抱怨的，仅仅因为丈夫爱上了另一个人。这给妻子带来极大的痛苦，丈夫也感到难过。他们坦率地谈到离婚将给妻子和孩子带来什么后果。但是，这也改变不了丈夫，他仍坚持要与另一女子结婚。女子被所爱的人抛弃后会感到极其孤单，会受到极大的打击，男子根本想象不到这些。

然而，在极度痛苦和迷惑不解中，妻子显示出了一种以前不曾表现过的力量。她迅速地成熟了，"娇小姐"的脾气消失了。对于丈夫的变心，妻子很生气，但是更伤心。她是一个善良的人，虽然丈夫已变心，她仍然不忍心谴责他，也没有攻击或者责骂另一个女子。她慢慢地变了，变得有勇气面对婚变，变得敢于独自面对生活。在与丈夫交涉的过程中，显得沉着、有力。人们常说，只有在压力和痛苦之下，人才能较大地改变性格。这位妻子正是这样。

经过几个月的痛苦交涉，妻子发觉，丈夫潜意识里需要一个坚强、自信的妻子，而不是一个温顺的小姑娘似的妻子。在处理这件事的过程中，妻子渐渐形成了坚强、自信的性格。丈夫则清醒了，他回到妻子身边，他们开始了新的生活。因为双方都在往好的方面转化，所以他们的生活比以前美满多了。他俩都成熟了。

自立，将给我们带来幸福。

学会微笑，做一个甜美的人

　　一看这题目，有的人可能就不舒服，甚至会指着鼻子问：你这是什么意思？难道要提倡装腔作势，强颜讨好吗？可是我要问：人与人之间不笑口常开，难道相逢时不理不睬、冷眼相向才好吗？

　　笑是一种表达感情的方式，《论语》里说："乐然后笑。"爱笑的人，是甜美的人。应当说，明朗而健康的笑本身就是一种美。在人与人的关系上就是要春风和气，笑容相接，多一点温良恭俭让。像喜欢赏花一样，人们同样喜欢笑容。

　　有一种女人，她不知道大多数男人认为一个女人的仪容和表情，比她身上的穿戴更为重要。在纽约的一个宴会上，一个获得一大笔遗产的女人想给每个人都留下良好印象，于是用上了貂皮大衣、钻石、珠宝……可是，她偏偏没有对自己的面孔下功夫。她的表情尖酸、自私。而这，恰恰成了她留给男人们的主要印象。

　　真正值钱的是不花一文钱的微笑。在为人处世中，微笑所表示的是：我喜欢你，很高兴见到你，使我快乐的是你。

　　这里说的不是那种不真诚的微笑，那种微笑是骗不了任何人的。这里说的是真正的、发自内心的、令人感到温暖而又愉快的微笑。有一位百货公司的经理说：他宁可雇用一名有可爱笑容而没有文凭的姑娘，也不愿雇一个摆着陪审员面孔的哲学博士。

　　有一个叫威廉·史坦哈的人，谈了他的经验："结婚十八年来，我很少对我的太太微笑，我是百老汇最闷闷不乐的人。后来，有人鼓励我微笑，我就试试。于是，第二天早上梳头时，我对镜子中满面愁容的自己说：'你得微笑，把脸上的愁容一扫而光。现在立刻开始，微笑。'于是，我转过身来，跟我的太太打招呼：'早安，亲爱的。'同时对她微笑。她愣住了，惊诧不已。我说：'从

此以后你不用惊愕，我的微笑将成为寻常的事。'至今已有两个月了，每天早上我都对她微笑。结果怎样呢？这竟改变了我的生活！两个月中，我们家所得到的幸福比过去一年还要多。现在，我对大楼的电梯管理员微笑，对地铁的出纳小姐微笑，于是我发现每一个人都对我报以微笑。我带着这样轻松愉悦的心情去同一些满腹牢骚的人交谈，一面微笑，一面恭听。过去很棘手的问题，现在变得容易解决了。毫无疑问，微笑给我带来了许多的方便和更多的收入。我对同行说，我最近学到哲学——微笑，功效不凡啊！他马上承认说，过去和我相处真费劲，我每天哭丧着脸，使他也闷闷不乐，最近才有了改变。他说我微笑时简直充满了慈祥。这真的改变了我的

人生。从此我快乐、富有，拥有友谊和幸福，这是真正重要的。不微笑的人在生活中将处处感到困难。"

当你出门时，抬起头来，注意四周，用微笑向人们问好。用力地与人握手。不要浪费一分钟时间去想你的敌人，让心中充满欢乐，想着你喜欢做的美好而伟大的事情，想着那个你希望成为有办法的、诚恳的、有用的人的目标。这样，你每时每刻都会向那个杰出的目标靠拢。一旦你的事业获得了成功，你将发现正是你自己掌握了实现你的希望所需要的机会。

抬起头来，向人们微笑，你就已经面向成功了。

化愤怒为力量

　　"人有悲欢离合，月有阴晴圆缺，此事古难全。"人生总是充满了各式各样大大小小的烦恼和不快。如事业屡屡受挫啦，与朋友反目啦，邻里吵架啦，挤汽车钱包被偷走啦，要结婚却没有房子啦，等等。倒起霉来，喝口凉水都塞牙。有了烦恼，总要宣泄，讲得通俗点，就是发火、出气。如果把什么都憋在心里，久而久之难免会得抑郁症。宣泄似乎人人都会，但每个人的宣泄方式未必都合理。能不能正确、合理地宣泄，往往能反映出一个人的涵养。

　　人在气头上容易冲动，甚至干出自杀或犯罪的蠢事，而一旦度过了受某种情绪控制的危险期，恢复理智，往往会对所做之事后悔，但有些后果既已造成，后悔是无济于事的。于是，那些"既无害，又解气"的宣泄渠道便设立了起来。国外有一种"宣泄电话"。如果谁遇到了不幸和烦恼，只需拨一下特定的电话号码，把心里的话全部说出来，接电话的人总是耐心地倾听，并做些温和的劝说。许多人在一口气诉说完之后，便觉得舒畅多了。还有一种

"宣泄室"之类的场所，供人发泄愤怒、仇恨、痛苦。

人一有不快，就应尽快宣泄，但是必须注意宣泄的对象、方式和场所，不可无端迁怒他人。如果把别人当成"出气筒"，那只会给自己带来更大的烦恼。也不可当众长吁短叹，烦躁不安，造成恶劣情绪的污染，让别人陪着自己生闷气。在家庭中，如果父母经常在子女面前争吵不休，或者打骂孩子出气，就会使子女的性格造成变态和扭曲。其实，每个人都能找到自己的无害宣泄方式，譬如对知心朋友交谈、听听轻松的音乐、到野外走走等，关键是要有自控能力，避免有害宣泄。

有些烦恼未必要依靠外物来宣泄，而可以自我宣泄。如果把心胸放开阔一点，一来可以减少许多不必要的烦恼，二来有了烦恼也可以尽快消除，第三，还能赢得不少朋友。人总是乐于跟开朗的人打交道。

学会合理宣泄，就能使自己尽快地走出阴影，轻松愉快地走向生活，沐浴阳光。

一位熟悉谈判秘诀的老手说过："每遇到有人与我交涉，当对方发了脾气的时候，我就觉得胜利在望。"所以，如果一旦发觉自己忍无可忍，快要发作时，须立刻设法离开。

有一位著名富贾，对于自己发泄怒气的方法，说得十分有趣。他说："当我自知怒气快来时，连忙不动声色地设法离开，立刻跑到我的健身房，如果我的拳师在那里，我就和他对打，如果拳师不在，我就猛力捶击沙袋，直到发泄我的满腔怒火为止。"日本有些企业，也盛行这种方法。在工厂里专门设一房子，里面挂有经理、老板的照片，对他们有意见的员工可以在房间里大骂，直到发泄完怒气为止。

现代心理学发现，发怒是由于心理上失去平衡或者是自己的要求和欲望得不到满足引起的。可见，只要是生活在现实中，有感情的人，不可避免地都会在某时某地因某事而大发脾气，关键是要注意发怒的场合，尤其是发怒的方式，切忌一时冲动，弄得身败名裂。

里根平素性情温和，但偶尔也要发点脾气。他发起怒来会把铅笔或眼镜扔在地上。不过，他总是很快就平静下来，恢复情绪。一次，他告诉他的侍从人员："你看，我在很久以前就学到这么个秘诀：你发怒时，如果控制不住自己，不得不扔掉一些东西来出出气的话，那么应该注意把它扔在你的面前，可别扔得太远，这样，捡起来就省力多了。"

专家们认为，若对一些小事感觉不快时，不妨尽情发泄，直到你心境完全恢复舒泰为止。这样可以使你永远保持豁达镇定的情绪，一旦遇到大事时，尽可拿出全部精力应付。否则如果不论事情大小，遇到怒火如同爆裂的气球，冲破理智的制约，毫无自控能力，可能会使多年的努力毁于一旦。

怒气发泄后，必须立即把心情宽松下来，这样怒气才没有白白发泄。如果发泄后仍耿耿于怀，不肯忘却，那你获得的结果，一定不堪设想。

管理能人艾科卡在福特汽车公司当了八年总裁后被老板解雇。他一下子从公司高级负责人沦落为一个普通职员，尝到了从顶峰被人一脚踢下来的滋味。他的自尊受到极大伤害，他的家属也经受了极大苦痛，这一切使艾科卡怒火中烧。他想过杀人——杀亨利·福特或自己，也考虑过洗手不干，就此退休，但最后还是选择当克莱斯勒公司的总裁。他要用努力来发泄胸中怒气，用自己的成就将侮辱他的对手压倒。结果，艾科卡做出了几项决策，使克莱斯勒公司从毁灭中得以重生，而他也一举成为美国风云人物。

参观过工厂的人，都有这种印象，那些最有效最精密的机器整天都在一声不响地转动着，而那些陈旧机器却总是一天噪到晚，并时时出现故障。一个善于利用愤怒的人，就像那些精密机器一样，把积愤藏于心里，造成一种惊人的力量，使自己一声不响地前进；相反，不善于利用愤怒的人，就像那些陈旧机器一样，一遇刺激，大发雷霆，责骂、闯祸，无所不为。

我们应该懂得，一切逆境都不是生活的大不幸，最大不幸是没有能力应付突如其来的厄运。愤怒、消沉、自暴自弃都无济于事，反之，化愤怒为力量成就大事，借厄运之机磨炼意志，才能扭转不利的局面，转败为胜。

自我角色的"组合效应"

有一位经理苦闷地说：在公司，自己是说一不二的"铁腕人物"，全市有名的企业家，可在家里却是一个窝囊的家长，得不到孩子们的尊敬和喜爱。

有位作家感叹：他的文名蜚声省内外，但在家中还得对他的老母亲唯唯诺诺，帮着她烧香拜佛，要不，母亲就要伤心流泪。

还有位朋友说：他有个原来很要好的同学，后来当了局长，一次相见，他亲切地喊了声："小李子，你好啊！"谁知这局长对此称呼非常不满，讲话也官气十足，可谓"一阔脸就变"。这位朋友大觉扫兴："当个局长，忘了同学，有啥了不起！"

这几位经理、作家和局长是由于不懂得角色的"组合效应"，造成了"角色错位"的结果。

社会心理学家认为，生活是丰富多彩而带有戏剧性的。每个人都在其中担任许多角色。所谓角色，就是每个人在各个不同的社会关系中所处的地位和职能，它决定人们在不同的时间、地点、人际关系中，应有的态度、语言和行为特点。人们看戏剧电影时，都喜欢评价演员，这个角色演得像，很感人；那个角色演得做作，不像，使人起鸡皮疙瘩。其实，人际关系中许多的不愉快，便起因于"扮错了角色"。一个人离开了特定环境所要求的角色规范，无论动机如何良苦，其结果大都事与愿违。妻子需要的是丈夫的体贴、温暖，你若还以经理的面孔出现，那就会使她大失所望；在儿女面前，孩子们需要的是平等、理解和关怀的父母亲角色，你若在儿女面前摆出经理似的权威，代沟肯定会越来越深。许多人常常不自觉地将工作职务带进了家庭，他们忘了，局长、经理这些是行政角色，作家则是社会角色。中国有一句老话："儿子当了皇帝，在母亲面前还是儿子。"在外你可当司令员，指挥千军万马，在家里只应是丈夫、妻子或父母亲。外面的角色需要你叱咤风云，家里的角色需要平等、关怀、体贴、温存……撒切尔夫人当任英国首相后，仍坚持每周为丈夫做几次早餐，儿子搬家时，她主动去帮助布置房间，保持了事业和爱情这一对车轮的协调转动。她扮演着首相、妻子、母亲、朋友等多重角色，被美国《妇女家庭》杂志评为世界十位"重要女性"中的第一名。

弗洛伊德认为：妻子应该让丈夫在某些方面体会到母爱，这是婚姻成功的基础。由此生发开去，丈夫应该让妻子在某些方面体会到父爱。从某种意义上讲，男子娶的是一位会当母亲的妻子，而女子嫁的是一位会当父亲的丈夫。实际生活更为复杂：女子嫁的是既像父亲又像儿子的丈夫，而男子娶的是既像母亲又像女儿的妻子。这就要求人们在婚姻生活中学会扮演各种不同的角色，试举一例：

妻子为丈夫准备好了早饭，焦虑地问他感冒是否痊愈了（母亲的角色）。他回答说，稍微见好，并说他想喝点酒，但是找不到酒瓶（孩子的角色）。妻子把酒找来，嘀咕着："男人就是找不到东西（母亲）。"早饭后，丈夫感觉好些，准备上班，走之前他说："别忘了把我的衣服洗一下（丈夫）。""忘不了（妻子）。"晚上，丈夫回到家，发现妻子情绪不好，便问："怎么啦（丈夫）？""没什么（妻子）。"丈夫紧跟着问："嗯，肯定有什么事。你不高兴，怎么搞的？"她哭了（女儿）。"老天爷，到底怎么啦（父亲）？"眼泪稍止，妻子开始讲述与别人发生了争执，自己争不过。她越说越觉委屈，便哭得更厉害了（女儿）。丈夫想方设法哄她（父亲），但是没有结果。"这样吧，我们先吃晚饭。我饿坏了（丈夫）。"吃过晚饭，妻子平静下来，他们接着谈刚才的问题（夫妻）。

这里，双方都扮演着三个截然不同的角色，只有进入特定的角色，双方关系才会和谐。

夫妻关系如此，人与人的其他关系何尝不是这样呢？

人非机械，切忌角色单一，否则，会给自己也给他人平添许多痛苦。上面说的"儿子当了皇帝，在母亲面前还是儿子"，这只是一方面的道理。说出这话的母亲，她的儿子一般是当不了皇帝的。中国的情况倒是相反，儿子当皇帝，母亲也得三呼万岁。丰子恺先生在他的《实行的悲哀》一文中说："《红楼梦》里的贾政拜相，元春为贵妃，也算极人间荣华富贵之乐了。但我读了大观园省亲时，元妃隔帘对贾政说的一番话，觉得人生悲哀之深，无过于此了。"女儿为贵妃，父母得跪拜，这便是封建中国所造成的角色单一。人只能是所谓政治的人，有了高高在上的地位，似乎一切都是高高在上，甚至神乎其神，可以不食人间烟火了。此外，那些在工作上卓有成就，在爱情和家庭中却捉襟见肘者，都只是扮演了单一的角色，而不是多种角色。因此，在生活中矛盾、摩擦甚多，他人不满，自我烦恼。

我们应该怎样当父母，做儿女？我们应该怎样在不同的人面前扮演不同的角色？"多角色组合效应"认为，人们对自己在社会上应担任的各个角色越自觉，越了解特定环境中的角色内涵、感情、行为规范和每个角色的"岗位责任"，越可以为自己创造人际关系中良好的"绿色环境"，被人喜欢，受人尊敬，办事顺利。

"直肠子"与"弯弯绕"的利和弊

生活中常常听到"某某是直肠子"的说法，我们也不时看到一些"直肠子"的人。这种人心眼直正，不搞歪门邪道，说话也直，黑就是黑，白就是白，从不打弯。他们不会看风使舵，不管是谁，无论在什么场合，看到不顺心不顺眼的事，便当面批评。不少人喜欢这种"直肠子"。

直爽，是人际交往中值得珍视的一种品格。它是指人格的正直，不曲意阿谀；它是指人品的直率，不矫揉造作；它是指言谈的直截了当，不兜圈子，等等。高尚的友谊，是真情实意的交流、渗透和共鸣，而不是虚情假意。

别林斯基说："如果天下平静无事，到处都是溢美和逢迎，那么，无耻、欺诈和愚昧将更有滋长的余地了。没有人再揭发，没有人再说苛刻的真话！"

艾青说："人民不喜欢假话，哪怕多么装腔作势，多么冠冕堂皇的假话，都不会打动人们的心。人人心中都有一架衡量语言的天平。"

鲁迅说："假使一个人还有是非之心，倒不如直说的好；否则，虽然吞吞吐吐，明眼人一眼就会看出他暗中'偏袒'哪一方，所表白的不过是自己的阴险和卑劣。"

有识之士都是崇尚直爽，并对之身体力行的。确实，直爽是一种宝贵的品质，是忠诚老实的表现。我们在与人交往中，应该真诚坦白，决不应该含含糊糊，吞吞吐吐，遮遮掩掩，更不应该表里不一，两面三刀。应该"为人全抛一片心"，把自己的见解、建议和批评意见诚恳地说出来。譬如开会评选先进，如果与会者全是"弯弯绕"，那评起来就特别难办，有的抱住葫芦不开瓢；有的顾左右而言他；有的是你好我好他也好，等于没说；有的甚至把不该评上的也提名于众，趁机搞点"关系"。而"直肠子"的风格可就大不一样："成绩明摆着，该谁先进就先进，我同意张三！"两相对照，何者优，何者劣，一目了然。概而言之，"直肠子"要比"弯弯绕"好得多，可爱得多！

然而，有时候确也因为肠子"直"，使有的人下不了台，甚至由此产生了隔阂。"有啥说啥"，有时候，也难免惹得人家心里不痛快，这就是直肠子的不足之处了。生活的确复杂得很，有明确的是非，有热烈的好恶固然好得很，但是，人心如面，各各不同，有的喜欢甜的，有的喜欢辣的；有人爱听表扬，有人闻过则喜；有人愿意批评之前先表扬，指出错误时要肯定取得成绩，这样他才耳顺心服；有的人，当面训一通，可能顶牛，背后谈谈心，他能虚心承认错误……时间不同、地点不同、对象不同，所以我们进行工作时，方式方法一味地直出直入，有时候就行不通，甚至要碰钉子。在这种情况下，"直肠子"就显出不足了。唐人陈子昂诗云："逶迤世已久，骨鲠道斯穷。"鲁迅也曾感叹："世味秋荼苦，人间直道穷。"这里，撇开他们对于世事的抨击不论，其中也会有我们上面讲的这番意思吧。

所以，对"直肠子到底好不好"的问题，回答只能是又好又不好。好，是好在秉性直、心术正上；不好，是不好在方法简单、方式粗暴上。

"直肠子"常常为自己辩解："咱这是心直口快呀！"不错，"直肠子"往往是心直的，应当发扬。我们就要做"心直"的人，"知无不言，言无不尽"，实事求是，不看风使舵，不搞阴谋诡计，不学两面三刀那一套。但是，"口快"就值得研究。口太快，来不及思索、分析，想一想这一句话该不该说，能不能说，怎样说对方才能接受，怎样说效果好。甚至，如果连基本事实和全面情况还没来得及弄清楚，就急于表态，那结果恐怕会事与愿违的。所以，心直虽是优点，口快未必是长处。

"我的出发点是好的呀！""直肠子"因其"直"而造成同

事、朋友间的误会或矛盾时，往往这样自我辩解。不能否认，这些人的出发点（或称动机）一般来说的确是不坏的。但难道因此就可不讲效果吗？我们办任何事情，归根结底，都是希望有一个好的结果。只讲动机，不讲效果，就像医生看病只管开处方，而不管病人死活一样，这绝不是负责的态度。

"朋友之间，哪有那么多计较？""直肠子"还常拿这样的话安慰自己。的确，朋友之间不必也不应斤斤计较，特别对于"直肠子"的人，更不应有所计较，因为他们确实心直口快，有时甚至是未及思索，便顺口说来。他们有时可能会用词不当，言差语错，但并没有什么坏心眼儿，这是可以原谅的。然而，这只是一方面。另一方面，作为"直肠子"者自身，却不应指望别人不计较，相反的，应当持严肃负责的态度，力求使自己的每句话，都言之确凿，言之成理，言之有益，不可道听途说，更不可信口开河，尤其不能随意出口伤人。所谓"急不择言"，不是"急"和无时间去"择"，往往是无心去"择"，于是就出了问题。所谓"言多有失"，就"失"在"言多"。

结论是，为人处世应该曲直相间，当直则直，当曲则曲。一切都以时间、地点、环境为条件。该直不直，不免失之圆滑；当曲不曲，很难说不是简单粗暴。这里的关键是一个"度"字，人生在世，难就难在适度地掌握曲直，也正因为难，我们才更要努力！

对人宽厚与对己宽厚

十九年前，我在福州五一路曾目睹了这样一幕：

那天，正是早晨上班时间，自行车一辆跟着一辆，相当拥挤。

在滚滚向前的自行车洪流中，有一个穿着时髦，绷着牛仔裤的小青年，耳朵夹着过滤嘴，吹着口哨，像一尾顽皮的鱼，钻来钻去，挂在车摆头的金边公文包前后摇晃着。

他每挤着硬超过一辆车，被他甩在后头的人都会投以愤慨的眼光。时不时有人叽咕几句："讨厌！""赶死！"

几十步以外是交叉路口。前面的一个姑娘伸出右手，示意要右拐弯了。他呢，头抬得高高的，不知真的没看见还是不当一回事儿，狠着劲，死命蹬，车子像喝醉了酒一样，摇摇晃晃地朝姑娘冲去。

"啊——"后面有人惊喊。

"砰"一声重响，姑娘的车被撞倒了。

"妈的，会不会骑车啊！"他倒先骂开了。

那姑娘被人撞倒，手关节擦破了，流了血，但她只是红着脸不满地斜了他一眼。

他扶起自己的车，怪模怪样地对她一笑："小妞，不会骑车，学着点！"一个鱼跃，翻上车，飞走。

姑娘扶起车，突然看见他的公文包掉在地上，她喊他，他却不理，只管飞车。

打开公文包，里面不少钱哩！

"别理他，没教养的小子，把钱拿去修车！"

"要不，交给警察，归公。这种人，钱丢光了，才活该！"

路边的人都把那小青年的蛮横看在眼里，纷纷为姑娘抱不平。

姑娘没吭气，抓着公文包，也一个鱼跃，风似的驱车冲去。

没想到文静的姑娘也有这样的冲劲，没多会儿工夫就赶上那位小青年，还超出五六米，她停下，把车一横，小伙子愣了一下，也下车："干什么，干什么，要老子赔钱是不是？"

"噗"的一声，姑娘把公文包丢在他脚下。他恍然大悟，猫下腰，拾起公文包。

姑娘跨上车，骑走了。

这个小伙子站在那里发傻。他在想什么呢？他是否感到惭愧？这些，我们暂且不去管他。说真的，我被这纯朴的姑娘感动了。如果多一些像她这样宽厚的人，我们的生活一定会平静、美好得多！

与以德报怨、宽厚待人相反的是以怨报怨，万事不饶人。对此，柏杨先生在《三句话》一文中有一段很生动的描述，他在叙说了西方的某些文明礼貌后说："……在我们中国，却是另一种镜头，两人一旦石板上摔乌龟，硬碰了硬，那反应可是疾如闪电，目眦尽裂，你瞧他表演跳高吧，第一句准是：'你瞎了眼啦！'对手立刻反击，也跳高曰：'哎呀！我也不是故意的，你还不是也碰了我，我都不吭声，你叫啥叫？'前者拉嗓门曰：'碰了人还这么凶，你受过教育没有？'对手也拉嗓门曰：'碰了你也不犯杀头罪，你想怎样，教我给你下跪呀！哼，你说我碰了你，这可怪啦，我怎么不碰别人，是你先往上碰的，想栽赃呀。'事情进化到如此地步，软弱一点的，边走边骂，边骂边走，也就鸣金收兵。刚强一点的，一拳下去，杀声大作，马上就招来一大堆看热闹的群众，好不叫座。"

柏杨先生的见闻一定会给读者似曾相识的感觉，对不？可见，以怨报怨，只会怨上加怨。

我想，正常的人一定会有这样共同的心理，自己做错了事，或者自己有对不住别人的地方，都渴望得到对方的谅解，希望对方为自己开脱，或者给自己一个台阶下。既然我们有这样的心理，我们也应该"以己之心度人之腹"。据《续汉书》说，曹腾的父亲曹萌，就很会"以德报怨"。他的邻居喂头猪，长得和曹家喂的猪模样相似。有一天，邻家的猪跑丢了，他便到曹家来认，说曹家这头猪就是他家丢的猪。曹萌当然知道是邻居搞错了，却不和他争辩，二话没说，让他把猪牵走了。后来，邻居家的猪又自己跑回来，他这才知道弄错了，心中"大惭"，赶忙把猪赶还曹家。这时，曹萌仍是二话不说，只是"笑而受之"。曹萌的态度，对丢猪的那位邻居不是一个很好的教育吗？

以德报怨，既是对别人的宽厚，也是对自己的宽厚。生活中，他人有意无意对你不够"仁义"总是难免，你老是去"怨"，老是耿耿于怀，"怨"得过来吗？那不是自找烦恼，自我消耗吗？如此难为自己，还有什么力量走未来的路？"精诚所至，金石为开"，我们要学会善于谅解别人，为别人同时也为自己开脱。

不要用别人的错误
来惩罚自己

有一个朋友对我说："我只记着别人对我的好处，忘记了别人的坏处。"因此，这位朋友很受大家的欢迎，拥有很多知交。古人也说："人之有德于我也，不可忘也；吾有德于人，不可不忘也。"别人对我们的帮助，千万不可忘了，反之，别人倘若有愧对我们的地方，则应该乐于忘记。

乐于忘记是一种心理平衡。有一句名言叫"生气是用别人的过错来惩罚自己"，老是"念念不忘"别人的"坏处"，实际上最受其害的就是自己的心灵，搞得自己痛苦不堪，何必？这种人，轻则自我折磨，重则就可能导致疯狂的报复了。

乐于忘记是成大事者的一个特征，既往不咎的人，才可甩掉沉重的包袱，大踏步地前进。乐于忘记，也可理解为"不念旧恶"。人是要有点"不念旧恶"的精神。况且在许多情况下，人们误以为"恶"的，又未必就真的是什么"恶"。退一步说，即使是"恶"吧，对方心存歉疚，诚惶诚恐，你不念恶，礼义相待，进而对他表

示亲近，也会使为"恶"的人感念其诚，改"恶"从善。唐朝的李靖，曾任隋炀帝的郡丞，最早发现李渊有图谋天下之意，亲自向隋炀帝检举揭发。李渊灭隋后要杀李靖，李世民反对报复，再三强求保他一命。后来，李靖驰骋疆场，征战不疲，安邦定国，为唐王朝立下赫赫战功。魏徵曾鼓动太子建成杀掉李世民。李世民同样不计旧怨，量才重用，使魏徵觉得"喜逢知己之主，竭其力用"，也为唐王朝立下丰功。宋代的王安石对苏东坡的态度，也是有那么一点"恶"行的。他当宰相那阵子，因为苏东坡与他政见不同，便借故将苏东坡降职减薪，贬到了黄州，搞得他好不凄惨。然而，苏东坡胸怀大度，根本不把这事放心上，更不念旧恶。王安石从宰相位子上垮台后，两人的关系反倒好了起来。他不断写信给隐居金陵的王安石，或共叙友情，互相勉励，或讨论学问，十分投机。苏东坡

由黄州调往汝州时，还特意到南京看望王安石，受到了热情接待，二人结伴同游，促膝谈心。临别时，王安石嘱咐苏东坡：将来告退时，要来金陵买一处田宅，好与他永做睦邻。苏东坡也满怀深情地感慨道："劝我试求三亩田，从公已觉十年迟。"二人一扫嫌隙，成了知心好友。相传唐朝宰相陆贽，有职有权时曾偏听偏信，认为太常博士李吉甫结伙营私，便把他贬到明州做长史。不久，陆贽被罢相，贬到了明州附近的忠州当别驾。后任的宰相明知李、陆有这点私怨，便玩弄权术，特意提拔李吉甫为忠州刺史，让他去当陆贽的顶头上司，意在借刀杀人，通过李吉甫之手把陆贽干掉。不想李吉甫不记旧怨，而且"只缘恐惧传须亲"，上任伊始，便特意与陆贽饮酒结欢，使那位现任宰相借刀杀人之计成了泡影。对此，陆贽自然深受感动，便积极出点子，协助李吉甫把忠州治理得一天比一天好。李吉甫不搞报复，宽待了别人，也帮助了自己。

最难得的是将心比心，谁没有过错呢？当我们有对不起别人的地方时，是多么渴望得到对方的谅解啊！是多么希望对方把这段不愉快的往事忘记啊！我们为什么不能用宽厚理解、开脱他人？

古人古事，脍炙人口。以古为镜，可以净心灵，辨是非，明前途。

"让一让，六尺巷"

　　某些人的性格注定带有攻击性，这就意味着另一些人往往无端地遭到挑衅。如果我们对所有的"攻击"，都施之以"反击"的话，那我们生活的环境将充满火药味，于健康何益？

　　忍让者，忍耐、谦让也。一般说来，社交过程中产生什么矛盾的话，双方可能都有责任，但作为当事人应该主动"礼让三先"，从自己方面找原因。忍让，实际上也就是让时间、事实来"表白"自己。在社交中取忍让的态度，可以对很多事情进行"冷处理"，可以摆脱相互之间无原则的纠缠和不必要的争吵。这使我想起了歌德的"一笑法"。歌德有一天到公园散步，迎面走来了一个曾经对他作品提出过尖锐批评的批评家。这位批评家站在歌德面前高声喊道："我从来不给傻子让路！"歌德却答道："而我正相反！"一边说，一边满面笑容地让在一旁。歌德的幽默避免了一场无谓的争吵。有了歌德这样的"一笑"，就可以避免各种矛盾冲突，也可以消除自己的恼怒。从某种意义上说，它既可以为自己摆脱尴尬难堪的局面，顺势下台，又能显示自己的心胸和气量。

俗话说，"不如意事常八九"。期望爱情甜蜜者，难免有失恋的苦恼；一向和谐的家庭，也少不了"马勺碰锅沿"的争吵；被认为可信赖的朋友，偶尔的误会竟产生隔膜；为事业而拼搏，也许遭到平庸者的嫉妒……生活中的这些"不如意"，常常检验着一个人的修养水平：有的泰然处之，从容对待，以真诚化干戈为玉帛；有的则怒形于色，耿耿于怀，因褊狭积小怨为仇端。学会忍让——这看似极简单的事，却有化解你生活中各种烦恼的神力，使你人生路上充满信心、愉快和阳光。

忍让是一种美德。亲人的错怪，朋友的误解，讹传导致的轻信，流言制造的是非……当此时，生气无助雾散云消，恼怒不会春风化雨，而一时的忍让则能帮助你恢复应有的形象，得到公允的评价和赞美。清代中期，有个"六尺巷"的故事。据说当朝宰相张英与一位姓叶的侍郎都是安徽桐城人，两家毗邻而居，都要起房造屋，为争地皮，发生了争执。张老夫人便修书北京，要张英出面干预。这位宰相到底见识不凡，看罢来信，立即作诗劝导老夫人："千里家书只为墙，再让三尺又何妨？万里长城今犹在，不见当年秦始皇。"张家见书明理，立即把院墙主动退后三尺。叶家见此情景，深感惭愧，也马上把墙让后三尺。这样，张叶两家的院墙之间，就形成了六尺宽的巷道，成了有名的"六尺巷"。事情就是这样：争一争，行不通；让一让，六尺巷。古代开明之士尚能如此，今天朋友之间处理小是小非，我想是应该比封建时代更胜一筹的。

忍让不是懦弱可欺。相反，它更需要自信和坚韧的品格。古人讲"忍"字，至少有如下两层意思：其一是坚韧和顽强。晋朝朱伺说："两敌相对，惟当忍之；彼不能忍，我能忍，是以胜耳。"（《晋书·朱伺传》）这里的忍，正是顽强精神的体现。其二是抑制。《荀子·儒效》："志忍私，然后能公；行忍惰性，然后能修。"被誉为"亘古男儿"的宋代爱国诗人陆游，胸怀"上马击狂胡，下马草战书"的报国壮志，也写下过"忍字常须作座铭"。这种忍耐，不正凝聚着他们顽强、坚韧的可贵品格吗？谁能说他们是懦弱可欺的呢？

"小不忍则乱大谋"，此话没错，关键是看"谋"的是什么。成语"负荆请罪"的故事传为千古美谈：蔺相如身为宰相，位高权重，而不与廉颇计较，处处礼让，何以如此？为国家社稷计也。"将相和"则全国团结，国无嫌隙，则敌必不敢乘。蔺相如的忍让，正是为了国家安定之"大谋"。忍让成大事，相反，不忍让而"乱大谋"的事也不鲜见。楚汉相争时，项羽吩咐大将曹咎守城，切勿出战，只要能阻住刘邦十五日，便是有功。不想项羽走后，刘邦、张良使了个骂城计，派兵城下，指名辱骂，甚至画了画，污辱曹咎。这下子，惹得曹咎怒从心起，早将项羽的嘱咐忘到九霄云外，立即带领人马，杀出城门。真是"冲冠将军不知计，一怒失却众貔貅"。汉军早已埋伏停当，只等项军出城入瓮。霎时地动山摇，杀得曹咎全军覆没。

忍让是一种眼光和肚量，能克己忍让的人，是深刻而有力量的，是雄才大略的表现。

大肚能容，
容天下难容之事

佛界有一副名联："大度能容，容天下难容之事；开怀一笑，笑世间可笑之人。"古人还常说"将军额上能跑马，宰相肚里可撑船"，"无度不丈夫，量小非君子"，这些都是强调为人处世要豁达大度。

看过《三国演义》的都知道，曹操和周瑜都是三国时代才气横溢之人，然而两人的度量却大相径庭。

袁绍进攻曹操时，令陈琳写了篇檄文。陈琳才思敏捷，斐然成章，在檄文中，不但把曹操本人臭骂一顿，而且骂到了曹操父亲、祖父的头上。曹操当时很恼怒，气得全身冒火。不久，袁绍兵败，陈琳也落到了曹操的手里。一般认为，曹操这下不杀陈琳就难解心头之恨了。然而，曹操并没有这样做。他赏识陈琳的才华，不但没有杀他，反而抛弃前嫌，委以重任，这使陈琳很感动，后来为曹操出了不少好主意。

周瑜是个将才，可他没有大将应有的度量。他聪明过人，才智超群，然而妒忌心极重，容不得别人超过自己，他对诸葛亮一直耿耿于怀，几次欲害之，均不得逞。赤壁大战，周瑜损兵马，费钱粮，却叫孔明图了个现成，气得"大叫一声，金疮迸裂"。后来，周瑜用美人计，骗刘备去东吴成亲，被诸葛亮将计就计，最后是"赔了夫人又折兵"。最后，周瑜用"假途灭虢"计，想谋取荆州，被孔明识破，四路兵马围攻周瑜，并写信规劝他，周瑜仰天长叹："既生瑜，何生亮！"连叫数声而亡，无怪东吴的鲁肃要说："公瑾（周瑜）量窄，自取死耳！"

度量直接影响到了人与人之间的关系是否和谐。人与人之间经常会发生矛盾，有的是由于认识水平的不同，有的是因为一时误解造成的。如果我们能够有较大的度量，以谅解的态度去对待别人，这样就可能会赢得时间，使矛盾得到缓和。反之，如果度量不大，那即使为了丁点大的小事，相互之间会争争吵吵、斤斤计较，结果伤害了感情，影响了友谊。

偏见常常会使一方伤害另一方，如果另一方耿耿于怀，那关系就融洽不了。而如果受损害的一方有很大的度量，从大局出发，那会使原先持偏见者感情上受到震动，导致他改变偏见，正确待人。话剧《陈毅出山》里有这样一段描写：1937年，抗日战争开始，陈毅同志为了贯彻落实党的统一战线政策，冒着危险去同国民党谈判。可是被敌人长期围困深山的游击队司令韩山河，却误认为陈毅"勾结"敌伪，是个叛徒。因此，当陈毅千方百计找到游击队，要他们同国民党部队共同抗日时，韩山河却把他捆了起来，并要枪毙他。在这种情况下，陈毅仍然以大局为重，耐心说服韩山河。后来，陈毅并未因此记私仇，而是对韩山河更加信任了。陶铸同志生前有两句诗："如烟往事俱忘却，心底无私天地宽。"这就是一个无产阶级革命者度量的真实写照。

　　郭沫若也是一个大度之人。他和鲁迅先生之间"曾用笔墨相讥"，但在鲁迅逝世后，却不像有人那样趁"公已无言"前来"鞭尸"，而是挺身而出捍卫鲁迅精神。同时，他对以前"偶尔的闹孩子脾气和拌嘴"，还"深深地自责"，表示："鲁迅生前骂了我一辈子，鲁迅死后我却要恭维他一辈子。"其情可敬，其辞可感！历览古今中外，大凡胸怀大志、目光高远的仁人志士，无不大度为怀，置区区小私于不顾。相反，鼠肚鸡肠，竞小争微，片言只语也耿耿于怀的人，没有一个成就了大事业，没有一个是有出息的人。

　　说说要"豁达大度"是容易的，而真正做到有肚量则难。这就要求我们在社交活动中，必须抑制个人的私欲，不在社交场合为一己之利去争、去夺，甚至与他人闹得面红耳赤，也不能为了炫耀自己，而贬低他人。

　　要做到豁达大度，就要有看透一切的胸怀。一位青年朋友写了一篇小杂感《没什么》，我觉得很有味道，将它作为本篇的结尾：

　　　　朋友，设身处世，求生求存，求一缕阳光发一腔胸热，求一任春风播一抹新绿，你要把一切都看作"没什么"！

　　　　没什么——冰山高耸没什么不可攀；长江恶险没什么不可漂；即使风雨雪霜雷电交加没什么可怕！

　　　　没什么——地球没什么高深！宇宙没什么神秘！人类没什

么迷信!

没什么,一切都没什么,尽管人类自己会制造出无数个"有什么",其实,一切都没什么。

跌倒没什么,爬起来继续朝前走;失败没什么,一切再从头开始;流言蜚语没什么,该怎样生活还怎样生活!

伟大没什么,离开平凡一切都很渺小;成功也没什么,未来不会到此停止;荣耀也没什么,世上没有不谢的花朵。

朋友啊,慌乱时,说声"没什么",你会沉静下来,从容自如;忧愁时,说声"没什么",你能得到安慰,增添几许欢乐;艰难时,说声"没什么",你会鼓起勇气,顽强拼搏;得意时,说声"没什么",你会自省自责,言行如常;胜利时,说声"没什么",你才能不醉不昏,有新的突破!

朋友,没什么,一切都没什么……

"没什么",不正表现了人生经历和智慧的优越感吗?只有如此放得开的人,才可能是豁达大度的人。

从褊狭的人身上
学到了宽容

有这样一件事：一个年轻人抱怨妻子近来变得忧郁、沮丧，常为一些鸡毛蒜皮的事对他嚷嚷，并开始骂孩子。这都是以前不曾发生的。他无可奈何开始找借口躲在办公室，不想回家。

一位经验丰富的长者问他最近是否争吵过，青年回答说，为了装饰房间发生过争吵。他说："我爱好艺术，远比妻子更懂得色彩。我们为了各个房间的颜色大吵了一场。特别是卧室的颜色。我想漆这种颜色，她却想漆另一种颜色。我不肯让步，因为她对颜色的判断能力不强。"

长者问："如果她把你办公室重新布置一遍，并且说原来的布置不好，这时你会怎么想呢？"

"我绝不能容忍这样的事。"青年答道。

于是长者解释："你的办公室是你的权力范围，而家庭以及家里的东西则是你妻子的势力范围。如果你按照自己的想法去布置'她的'厨房，那她就会有你刚才的感觉，好像受到侵犯似的。当然，在住房布置问题上，最好双方能意见一致，但是，如果要商量，妻子应该有否决权。"

青年人恍然大悟，回家对妻子说："你喜欢怎么布置房间就怎么布置吧，这是你的权力，随你的便吧！"妻子大为吃惊，几乎不敢相信。青年人解释说，是一位长者开导了他，他百分之百错了。妻子非常感动，后来两人言归于好。

夫妻生活和其他许多人际关系一样，会有这样那样不尽人意的地方。正像你对他人有许多看不惯一样，他人对你可能也有许多看不惯。那个年轻人，对妻子的某些举动看不惯，先是回避了，这无助于问题的解决，甚至有可能扩大矛盾，激化矛盾。

看不惯是难免的，世界异彩纷呈，人是各色各样，怎么可能一切都看得惯呢？但要兼容并包。

包容——你容人，人容你。人人都希望别人能接受完全真实的自己——兼有优点和缺点的自己。但是，人都担心自己的弱点、不足，不能为人所理解。因此，有一个肯理解、容纳他人优点和缺

点的人，就会受到他人的欢迎。而对人吹毛求疵，又批评又说教没完没了的人，人家总是对他敬而远之，就不会有亲密的朋友。我们不应用苛刻的标准去要求别人。爱情之所以可以成为催人上进的力量，不是由于严厉，而是由于宽容。爱情原谅了爱人的种种缺点、毛病，恰恰能使爱人"旧貌变新颜"。心理咨询医生之所以可以成为人们的倾诉对象，也是因为他允许人们暴露自己的内心世界，允许袒露种种卑劣的、无理的、无耻的、可鄙的心理，他因此变得可亲可敬。

承认——善于发现他人的积极性。如果对同一种性格，人家认为是不良的，而你却能从中发现这种性格的积极性，并加以肯定，

这就是承认。譬如，作为一个领导，如果肯承认部下的"侵略性格"——常常批评你，常常在执行你的命令时改变原定方案，那你就能吸引很多人，簇拥在你的周围，与你共同奋斗，你的话就将更有号召力。

重视——学会提高人的价值。怎样让人知道你重视他呢？一是别让人空等；二是感谢人家；三是让人感觉他受到"特殊"对待。"寸有所长，尺有所短"。这一类朋友有这样的短处，却有那样的长处，反之亦然。

有一种人，害了"偏食病"，只吃某种食品，而不吃另一种食品，这无益于健康。据说西方人还爱吃蚂蚁、蚯蚓，只要有营养，一律"拿来"。为人处世亦然，"合胃口"是相对的。有人只交投己所好的朋友，而对不合自己胃口的人，则退避三舍。这种人，到最后往往成了孤家寡人。

古人云："见贤思齐，见不贤而内自省。"每一个人都可以是我们的老师。我们要学会这样一种方法：从多话的人那里学到了静默，从褊狭的人身上学到了宽容，从残忍的人处学到了仁爱……

温和与友善比
愤怒和暴力更有力

这是相对于理直气壮而言的。理直气壮好，但就批评朋友的过失而言，理直气和更好。

就像我们自己有许多毛病一样，朋友也有不少这样那样的毛病，对朋友的毛病视而不见，不是真朋友；敢于批评，才是难得的诤友。

但是，在生活中我们不难看到，有的人批评朋友，似乎"得理不让人"，涨红着猪肝脸，气势汹汹，这实在于事无补。一位母亲注意到女儿没收拾好房间就跑到院子里和邻居小孩玩，于是大吼道："你马上给我滚回来！你的房间那么脏，回来整理干净！"这位母亲有没有想到，她当着别的小朋友的面侮辱了女儿？或许没有。女儿满怀愤怒地回来，同时也学到了如此粗鲁骂人的恶习。

我们再看看同样情况下，另一个母亲的处理方式：她走到后院把女儿带到一边，用很低的、别的小孩听不到的声音说："你忘了整理房间了。你知道我们的规矩是整理好才可以玩。你现在先进来整理好吗？"这位母亲教给孩子如何委婉，孩子也会感激母亲没有当着朋友的面侮辱她。

俗话说："良药苦口利于病。"但是，良药为什么非要"苦口"呢？苦口良药也可以是裹着糖衣的。

伊索有一篇关于太阳和风的寓言。太阳和风争论谁更强有力。风说："我要让你看看我的力量。看见路上那个穿大衣的老头吗？我敢打赌，我能比你更快地让他脱掉大衣。"

于是，太阳躲到云后，风开始吹起来。风越吹越猛。但是，它吹得越急，老人却把大衣裹得越紧。

终于，风无可奈何地平息下来。太阳从云后露出脸来，以暖洋洋的光照着老人。不久，老人出汗了，不得不把大衣脱掉并坐在树荫下纳凉。太阳对风说："怎么样，温和与友善比愤怒和暴力更有力吧？"

那么，理直气和地批评别人应该注意哪几点呢？

从正面称赞着手。当我们听到别人对我们的某些长处表示赞赏之后，再听到他的批评，心理往往会好受得多。有一回，美国总统

柯立芝批评了女秘书。柯立芝对她说："你今天穿的这件衣服真漂亮，你真是一位迷人的年轻小姐。"这可能是沉默寡言的柯立芝一生中对秘书的最大赞赏。这话来得太突然了，因此那个女孩子满脸通红，不知所措。接着，柯立芝又说："你很高兴，是吗？我说的是真话。不过，另一方面，我希望你以后对标点符号稍加注意一些，让你打的文件跟你的衣服一样漂亮。"他的话可能过分直白，但他先称赞后批评，使用的方法却很高

明，间接地提醒别人的错误。

也许，在你的生活中，有时候需要迅速而有效地去改变另一个人的行为或想法。碰到这种情形，你必须采取尊重别人的、审慎的方式。不尊重别人感情的人，最终只会引起别人的讨厌和憎恨。这个道理十分简单：人与人之间需要一种平衡，就像大自然需要平衡一样。查尔斯·史考勃有一次经过他的钢铁厂。当时是中午休息时间，他看到几个工人正在抽烟，而在他们的头上，正好有一块大招牌，上面清清楚楚地写着"严禁吸烟"。史考勃该怎么办？他指着那块牌子对他们说："难道你们都是文盲吗？！"不，史考勃没有那么做。要是那样，他就不会成为一个钢铁企业的优秀管理人了。相反，他朝那些人走过去，友好地递给他们几根雪茄，说："诸位，如果你们能到外面去抽掉这些雪茄，那我真是感激不尽了。"吸烟的人这时会怎么想呢？他们立刻知道自己违反了规定，于是，便一个个把烟头掐灭，同时，对史考勃产生了好感。因为他没有简单地斥责他们，而是使用了充满人情味的方法，使别人乐于接受他的批评。这样的人，谁不乐于和他共事呢？

你伤害过谁，也许早已忘了。可是，被你伤害的那个人永远不会忘记。让他保住面子，这一点是多么重要！而我们却很少想到这一点。我们常常是无情地剥掉了别人的面子，伤害了别人的自尊心，却又自以为是。我们在他人面前呵斥一个小孩或下属，找差错，挑毛病，甚至进行粗暴的威胁，却很少去考虑他人的感受。其实，只要冷静地思考一两分钟，说一两句体谅的话，对别人宽容一些，就可以减少对别人的伤害，事情的结果也就大不一样了。

反躬自省——知耻近乎勇

聪明的人责备自己，愚蠢的人埋怨别人。

美国的戴尔·卡耐基在《美好的人生》一书中，讲述了一段他的经历：

从卡耐基家步行一分钟，就可以到达森林公园。他常常带一只叫雷斯的小猎狗到公园散步。因为他们在公园里很少碰到人，又因为它友善而不伤人，所以常常没有给雷斯系狗链或戴口罩。

有一天，他们在公园里遇见一位骑马的警察。警察严厉地说："你为什么让你的狗跑来跑去，却不给它系上链子或戴上口罩？难道你不晓得这是违法的吗？"

"是的，我晓得。"卡耐基轻柔地回答，"不过我认为它不至于在这儿咬人。"

"你不认为！你不认为！法律是不管你怎么认为的。它可能在这里咬死松鼠，或咬伤小孩。这次我不追究，假如下回再被我碰上，你就必须跟法官解释啦。"

卡耐基的确照办了。可是，他的雷斯不喜欢戴口罩，他也不喜欢它那样。一天下午，他和雷斯在一座小山坡上赛跑，突然，他看到那位执法大人正跨在一匹红棕色的马上。

卡耐基想，这下栽了！他决定不等警察开口就先发制人。他说："先生，这下你当场逮到我了。我有罪。你上星期警告过我，若是再带小狗出来不替它戴口罩，你就要罚我。"

"好说，好说。"警察回答的声调很柔和，"我晓得在没有人的时候，谁都忍不住要带这样一条小狗出来溜达。"

"的确忍不住，"卡耐基说道，"但这是违法的。"

"哦，你大概把事情看得太严重了。"警察告诉他，"这样吧，你只要让它跑过小山，到我看不见的地方，事情就算了。"

那位警察也是一个人，他要的是一种重要人物的感觉，因此，当卡耐基责怪自己的时候，唯一能增强他自尊心的方法，就是以宽容的态度表现慈悲。

如果我们免不了会遭到责备，何不自己先认错呢？听自己谴责自己不比挨别人批评好受得多吗？你要知道某人准备责备你，就自己先把对方要责备你的话说出来，他十之八九会以宽容、谅解的态度待你，就像那位警察对待卡耐基和他的爱犬一样。

与"自我责备"相反的是"死不认错主义"。这里，我把柏杨在《最大的殷鉴》一文中的一段见闻与卡耐基的经历做对比。柏杨先生说："在华盛顿机场……吾友海伦女士在等飞机，站得两条玉腿发酸，看见一个空位，就走过去坐下。不久一个中国人从

厕所回来，发现座位没啦，一脸不高兴，跟她身旁另一位中国人用广东话骂起大街，措辞肮脏下流，写出来准吃风化官司。姑且找一句最文明的介绍，曰：'这女人的屁股怎么不丢在你的大腿上呀，偏丢在我的位置上，骚到我身上来啦。'想不到海伦女士是言语奇才，啥都懂，她正气愤中国同胞乱占座位，更气愤中国同胞的粗野。于是，一跳而起，用广东话向他们回报，教他们注意自己的教养。二位广东老乡不但不对自己的失礼道歉（注意，中国人没有道歉的文化），反而回骂起来。候机室霎时吵成一团，华洋黑白，一齐围上来观看奇景。"

卡耐基有过错，那两位广东人也有过错，前者自我责备，皆大欢喜；后者自我辩解，鸡犬不宁。孰优孰劣，读者诸君自有公论。

古人云："一日三省吾身。"在你的生活中，是否同哪一个人怀有积怨？是否同哪一个人存在着没有解决的矛盾？不要再浪费这种精力了！现在就应该去恢复你们在发生误会之前那种密切的关系！要开始采取行动，直接去找对方，越快越好！要记住，成功者发现了失误，总是赶快改正，而不是自己瞎折腾。

"知耻近乎勇。"勇敢地责备自己，积极地消除积怨，这正是一个人的力量和信心之所在。

糊涂，
一味极好的润滑剂

机器运转需要加润滑剂，搞好人际关系有时也需加润滑剂。"糊涂"，就是一味极好的润滑剂。

提到"糊涂"，不禁使人想起郑板桥的著名格言："难得糊涂。"糊涂何以难得？看来有些费解。其实，要做到糊涂确实不易，这不仅需要有一定的修养，还需要有雅量。

在人与人的接触中，不免产生矛盾，有了矛盾，平心静气地坐下来交换意见，予以解决，固然是上策，但有时事情不那么简单。因此，值得提倡"糊涂"二字。郑板桥说得好："退一步天地宽，让一招前途广……糊涂而已。"

"糊涂"的好处之一：减少不必要的烦恼。在我们身边，无论同事、邻里之间，甚至萍水相逢者，不免产生些摩擦，引起些气恼，如若斤斤计较，患得患失，往往越想越气，这样很不利于身心健康。如果遇事糊涂些，自然烦恼会少得多。有一则外国寓言说，在科罗拉多州长山的山坡上，竖着一棵大树的残躯，它已有四百多年的历史。在它漫长的生命里，被闪电击中过十四次，无数次的狂风暴雨袭击过它，它都岿然不动。最后，一小队甲虫却使它倒在了地上。这个森林巨人，岁月不曾使它枯萎，闪电不曾将它击倒，狂风暴雨不曾使它屈服，可是，却在一个可以用拇指和食指轻轻捏死的小甲虫持续不断地攻击下，终于倒了下来。这则寓言告诉我们，人们也要提防小事的攻击，要竭力减少无畏的烦恼，要"糊涂"，否则，有时候是足以让一个人毁灭的。我们活在世上只有短短的几

十年，可是却浪费了许多无法补回的时间，去为那些很快就会被所有人忘却的小事烦恼。生命太短促了，在这类问题上糊涂一些吧，不要再为小事垂头丧气。

"糊涂"的好处之二：有利于集中精力工作或学习。一个人的精力是有限的，如果一味在个人待遇、名誉地位上兜圈子，或者把精力白白地花费在钩心斗角、玩弄权术上，就不利于工作和学习。世上有所建树者，大凡都有股糊涂劲，古今中外，不乏其例。郑板桥如此，居里夫人也如此。居里去世后，有人给居里夫人造了一些耸人听闻的谣言。开始，居里夫人痛不欲生。后来，她镇静下来，

装作"糊涂"，不予反击，以埋头科学研究来粉碎妒贤嫉能者的诡计。第二次诺贝尔奖的获得，使得居里夫人再一次驰名全球。这时，那诽谤的人也感到羞愧了，有的还请求居里夫人的宽恕。这叫"两岸猿声啼不住，轻舟已过万重山"。因此，从某种意义上说，糊涂是取得事业成功的一个秘诀。

"糊涂"的好处之三：有利于消除隔阂。《庄子》中有句话说得好："人生天地之间，若白驹之过隙，忽然而已。"人生苦短，又何必为区区小事而耿耿于怀呢？即便"大事"，别人有愧对你之处，糊涂些，反而会感动人，从而改变人。官渡之战刚刚打完，曹军正在清点战果的时候，一位官员抱着一大捆信件，急匆匆地来向曹操汇报：袁绍仓皇逃走，扔下不少东西，其中有一批书信，是京城许都和曹营中的一些人，暗地里写给袁绍的。曹操接过信，翻了一下，这些信大都是吹捧袁绍的，有的干脆表示要离开曹营，投奔袁绍。曹操的亲信得知这些信的内容，都很生气，有的说："吃里爬外，这还了得！应该把他们抓起来。"

曹操微微一笑，说："把这些信统统烧了。"

这个命令，使在场的人都愣了，有人轻声地问："不查了？"

"是的，不查了。"曹操说。

不查"内奸"，似乎糊涂，但实质是精明。曹操这样干，那些暗通袁绍的人才能把心里一块大石头放下，旁人也觉得曹操度量大，愿意在他麾下效力。

当然，这里说的糊涂绝不是叫人浑浑噩噩，糊里糊涂，而是大事不糊涂，小事糊涂些。

傻有傻福，
乐于吃亏

有时自觉平白无故受了别人的气，你可能会感到愤愤不平；有时不留心买到了卖剩的瓜果蔬菜，你可能会后悔不迭；有时因别人少找了你零头，你可能会耿耿于怀；有时你无意帮助了别人，但你有可能会一直铭记在心……为什么会这样呢？说来说去，你就是觉得自己吃了一点亏。你如果真这样想，那么还真吃了亏，因为你不是心甘情愿的。你本因做此事积了一点德，可你后来反悔了，先前所积得的那一点德也因你的反悔而又损耗掉了。当然，你如果乐于去承受这些事，那么所积的德就会日渐增多，你的福气自然也会随之增大，好运也就与你相伴了。

一辈子不吃亏的人是没有的。今天，我们应该怎样对待吃亏这一古老的话题？我以为，吃亏包含两层意义，一是生活本来需要我们去"吃亏"；二是因人为的不公平强加给我们的"吃亏"。

先说一。这实际上是一种"傻子精神"，本来不需你"吃亏"的，为了对社会的责任、对人生的热忱，自己没"亏"找"亏"

吃。有一个十六岁的美国姑娘，自愿到洪都拉斯去帮助当地人，使他们了解眼睛卫生的常识。洪都拉斯非常脏，以致这个女孩子一觉醒来，竟然发现有一头猪跟她睡在一起。不久，她回来向母亲介绍了那里的情况，眉飞色舞地说，明年她还要再去，因为那地方太贫穷落后了，需要去帮助他们。她母亲立刻鼓励她再去。我们中国人也许会想，去那么苦的地方，不是太吃亏了吗？要是我的话，才不去呢。可是，那位美国母亲却夸奖她的女儿，认为她的女儿有见解，有爱心，她为女儿有乐于吃亏的精神感到骄傲。

在我们中国，如此乐于吃亏的傻子也是不少的：有一个经营钢材的老板，没文化也没背景，但生意却出奇的好，而且历经多年长盛不衰。说起来他的秘诀也很简单，就是他乐于吃亏，善于合作，讲究双赢。在与每个合作者分利的时候，他都只拿小头，把大头让给对方。如此一来，凡是与他合作过的人，都愿意与他继续合作，而且还会介绍一些朋友与他合作，再扩大到朋友的朋友，也都成为他的客户。人人都说他好，因为他只拿小头。但所有的小头集中起来，就成了最大的大头，他顺理成章地成了这个圈子里最大的赢家。人，都有趋利的本性，你吃点"傻"亏，让别人得利，就能最大限度调动别人的积极性，促进你的事业兴旺发达。

但也有人却太过于"精明"，从不肯吃一丁点的亏，因而很难搞好人际关系。你不吃亏，我也不吃亏，斤斤计较，结果是搞"窝里斗"。柏杨先生在《人生文学与历史》一文中有一段著名的话，他说："中国人太聪明，我想世界上的民族，包括犹太人在内，恐怕都没有中国人这么聪明。假如是单对单，一个人对一个人的话，中国人一定是胜利者。但是如果是两个人以上的话，中国人就非失败不可，因为中国人似乎是天生的不会团结。团结的意义，是每个人都要把自己的权力和利益，抛弃一部分。比如现在有两个圆形物体，必须用刀削成两个较小的方形，才能紧密地黏在一起。可是彼此只希望自己不要被削，而只削别人的。要削掉自己的就不干了，这样怎么能团结？中国人是太聪明了，没有一个人敢说中国人不聪明，中国人聪明到什么程度呢，聪明到被卖到屠宰场的时候，还拼命讲价钱，多赚了五块钱，就心花怒放。就是这种情形，中国人太聪明，太聪明的极致一定是太自私。凡是不自私的行为，不自私的想法，都会被讥笑为傻子。中国人不够宽容。凡是一个人心情厚道、宽恕别人、赞扬别人，就会被人骂作傻子；人家打你的脸你竟然敢反抗；人家违法，你竟然敢据理力争，你就是傻子；一件冒险的事，既不能做官，又不能发财，你去做了，大家当然说你是傻子。"

再说二。人际关系，永远无法做到绝对公平，总是要有人承受不公平，要吃亏。倘若人们强求世上任何事物都公平合理，那么，所有生物连一天都无法生存——鸟儿就不能吃虫子，虫子就不能吃树叶，世界就得照顾万物各自的利益。

寻求绝对公道，是脱离现实的梦幻。许多人认为，正义感在人际关系中是必不可少的。当自己的利益被损害的时候，他们常常会说："这是不公平的！"等等。人们渴望公道，在没有公道时就会不愉快。当你感到某件事不太公平时，必然会把自己同另一个人或另一群人进行比较。你可能会想："既然他们能如此，我为什么不能这样？""你比我得到的多，这就不公平。"……不难看出，你是根据别人的行为确定自己的得失。支配你情感的是别人，而不是你自己。

我们只要稍加观察，就会在自己和别人身上发现许多"寻求公道"的行为之缩影：

——抱怨别人的工作和你一样，但工资却拿得比你多。

——认为别人做了违法乱纪的事总是逍遥法外，而你却一次也溜不掉，因此感到十分不平。

——以"不公平"的论据来达到自己的目的。"你昨晚出去了，今晚让我待在家里就太不公平了。"要是对方不接受你的意见，就愤愤不平。

……

不公平即意味着吃亏。当在某一具体的环境下，吃亏成为必然的时候，你既然无法避免，为什么还要再陪上自己的心力去计较不休，自我折磨呢？如此，岂不亏上加亏？要求公正是一种注重外界环境的表现。你可以确定自己的切实目标，着手为实现这一目标采取具体步骤，不必顾忌不公平的现象，也无须考虑其他人的行为和思想。事实上，人与人之间总是有所不同。别人的境遇如果比你好，那你无论怎样抱怨也不会改变自己的境遇。你应该避免总是提及别人，不要总是拿望远镜瞄着别人。有些人工作不多，报酬却很高；有些人能力不如你强，却因受宠而得到晋升；不管你怎样不愿意，你的妻子和孩子依然会以不同于你的方式行事。然而，只要你将注意力放在自己身上，不去同别人比来比去，你就不会因周围的不平等现象而烦恼。如果你总是说"他能做，我也可以做"，那你就是根据别人的标准生活，你永远不可能开创自己的生活。

既然吃亏，你就认了——这是本来的，生活就是要让某些人吃亏，不是你吃亏，就是我吃亏；不是这方面吃亏，就是那方面吃亏。如此，就能宽容待人，而让自己保持一个好心境。好心境也是生产力，是创造未来的重要保证。从这一意义上理解，岂不"吃亏是福"？

我们再看那些爱占便宜的人。他们当中又有几个是有福之人呢？要么身败名裂，要么被病魔所缠，要么惨遭意外，要么家破人亡……为什么会有如此悲惨结局呢？道理很简单，就是因为他们占了便宜损了德。福气也随之消减，厄运自然找上门来了。

因此，在现实生活当中，我们不仅不要怕吃亏，而且要乐于吃亏。请大家牢记：乐于吃亏就是在给自己积德累福。

"人不知而不愠，不亦君子乎"

英国19世纪政治家查士德斐尔爵士曾对他的儿子做过这样的教导："要比别人聪明，但不要告诉人家你比他更聪明。"

苏格拉底在雅典一再告诫他的门徒："你只知道一件事，就是你一无所知。"

孔夫子也说："人不知而不愠，不亦君子乎？"

这些话，有一个共同的意思，就是你即使真有两下子，也不要太出风头，要藏而不露，大智若愚。

《庄子·杂篇》中有一则寓言：吴王乘船渡过长江，登上一座猴山。猴子们看见国王率领大队人马上山来了，都惊叫着逃进丛林，躲藏在树丛茂密的地方。有一只猴子却从容自得，在吴王面前上蹿下跳，故意卖弄技巧。

吴王很讨厌这只猴子的轻浮，就张弓搭箭，向它射去。这只猴子存心要显露本事，因此，当吴王的箭射来时，它就敏捷地跃起身，一把抓住飞箭。吴王转过身去，示意随从们一齐放箭，箭如雨下，不可躲闪，那猴子终于中箭而死。

世上有一种人，他们掌握一点本事，就怕别人不知道，无论在什么人面前都想"露两手"。这种人爱出风头，总想表现自己，对一切都满不在乎，头脑膨胀，忘乎所以。这种人一定会失败。寓言里的猴子因为自己有两下子，就故意在吴王面前卖弄，引起了吴王的反感，最终被乱箭射死。这对于那种性格轻浮，喜欢浮夸、卖弄的人，是一个很好的教训。

不要让人感觉你比他人更聪明。如果别人有过错，无论你采取什么方式指出别人的错误：一个蔑视的眼神，一种不满的腔调，一个不耐烦的手势，都可能带来难堪的后果。罗宾森教授在《下决心的过程》一书中说过一段富有启示性的话：

"人，有时会很自然地改变自己的想法，但如果有人说他错了，他就会恼火，更加固执己见。人，有时也会毫无根据地形成自己的想法，但如果有人不同意他的想法，那反而使他全心全意地去维护自己的想法。不是那些想法多么珍贵，而是他的自尊心受到了威胁……"

当富兰克林还是个毛躁的年轻人时，有一天，一位老朋友把他叫到一边，尖刻地训斥他说："富兰克林，你简直不可救药！你到处指出别人的错误，自以为比所有人都高明，谁受得了你？你的朋友已经讨厌你了。他们对我说，如果你不在场，他们就会自在得多。你知道得太多了，已经没有人打算再告诉你些什么事情，因为你不可能再吸收新的知识。其实，你的旧知识又有多少呢？十分有限！"

这是富兰克林经受的一次惨痛的教训。他由此发现了自己正面临着失败和社交悲剧的命运。他决心改掉傲慢、武断的习性。他在自传中说："我立下一条规矩，决不正面反对别人的意思，也不让自己武断。我甚至不准自己用过分肯定的文字或语言表达意见。我决不用'当然''无疑'这类词，而是用'我想''我假设'或'我想像'。当有人向我陈述一件我所不以为然的事情时，我决不立即驳斥他，或立即指出他的错误；我会在回答的时候，表示在某些条件和情况下他的意见没有错，但目前来看好像稍有不同。我很快就看见了收获。凡是我参与的谈话，气氛变得融洽多了。我以谦虚的态度表达自己的意见，不但容易被人接受，冲突也减少了。我最初这么做时，确实感到困难，但久而久之，就养成了习惯。也许，五十年来，没有人再听到我讲过太武断的话。这种习惯，使我提交的新法案能够得到同胞的重视。尽管我不善于辞令，更谈不上雄辩，遣词用字也很迟钝，有时还会说错话，但一般来说，我的意见还是得到了广泛的支持。"

其实，富兰克林在这里并没有提出什么新观念，这只不过显示了他人格成熟的重要标志——大智若愚。

再者，贵办法不贵主张，换一句话说，即多一点具体措施，少一些高谈阔论。年轻人对于诸多事情，总是喜欢发表主张。主张是对于事物的观察所得，观察分析才能有所得。所得能够成为一种主张，当然是一件可喜的事情。但是，如果急于求得理解，一有所得，不看对象，不分场所，立即发表出来，往往是没有好处的。不要把别人都看成是一无所知的人。其实，我们周围的人，和你一样，都各有主张。因为，这往往会被认为有失身价，有损体面。如果我们把同事都看成是庸才，只有我抱有真知灼见，于是在一个团体内，一直发表主张，结果被采纳的百分比恐怕是很低的。

少一点高谈阔论，多一点切实可行的办法。譬如，领导和同事或者朋友，希望你帮助他办某件事，你可以拿出一套又一套的办法，第一套方案，第二套方案，总之，你千方百计把问题解决了，这比发表"高见"不是有意思得多吗？不说空话，而又能干得成实事，你将给人以一种沉稳的成熟者的形象。

为什么在为人处世过程中要提倡"大智若愚"呢？这还因为"大智"是相对的，是对某一具体的方面、具体的人而言的。你在这个人面前的大智，你在这一方面是大智，你到了另一个人面前，你在另一方面，可能就是"中智"，或者是"小智"了。所以，大智也不是什么资本，不值得卖弄。在硕大的人类智慧面前，没有绝对的"大智"者。从这一意义上说，大智若愚的本质，也就是谦虚、谨慎。事实证明，"智"越大者越"愚"——越谦虚，越对自己的知识不满足。

此外，大智若愚，既是为人的素养，同时，又是一种风度。君不见，大智若愚者所展示的那种庄重和深沉之美吗？

要有勇气说"不"

有的人为了使别人对自己有个印象，或为了保全自己的面子，或为给对方一个台阶，往往对对方提出的一些要求，不加分析地加以接受。

我们并不是反对帮助别人，相反，我们提倡应该主动地和心甘情愿地帮助别人。但是，这不等于对人家的一切要求都该答应。首先，我们得考虑对方提出的要求是否合理。如果对方的要求有悖国家的法律政策，有损于人的自尊和人格，那无论是怎么亲密的朋友也不能答应，因为你的答应既害了朋友也害了自己。当然，话说回来，朋友之间这样的要求是极少的。那么，对方提出的合理合法的事我们是否都该答应呢？并不见得。当然，能办到的事我们应该积极主动去办。但不少事情并不是你想办就能办到的。有时受各种条件、能力的限制，一些事很可能完不成。因此，当朋友提出托你办事的要求时，你首先得考虑，这事你是否有能力办成，如果办不成，你就得老老实实地说，我不行。这里，随便夸下海口或碍于情面都是于事无补的。我们知道，言而有信是做朋友的信条，也是友谊的基础。明明办不成的事却承诺下来，到时不仅让人失望，还可能耽误朋友的事情，因为如果你办不成，他可能找别人办或想其他的办法，但你答应了却没有办，这样做，就会伤了情义。

当然，拒绝别人的要求也的确是件不容易的事。日本一所"说话技巧大学"的一位教授说："央求人固然是一件难事，而当别人央求你，你又不得不拒绝的时候，亦是叫人头痛万分的。因为每一个人都有自尊心，希望得到别人的重视，同时我们也不希望别人不愉快，因而，也就难以说出拒绝之话了。"

但是，如果你仔细斟酌过，答应对方的要求将会给你或他带来伤害，那么就应该拒绝，而不要为了面子上过得去，而干违心的事。到头来，对双方都没有好处。

有求必应的观念，有些场合下是对的；而在另一些场合，则应是有求不应。

但是，拒绝并不是简单地说一句"那不行"，而是要讲究艺术：既拒绝了对方不适宜的要求，又不致伤害对方的自尊，也不损害彼此的关系，因此，实际做起来也并不是那么容易的呢！

下面介绍几个拒绝人家请求的方法。

方法一：柔中带刚。

有些请求明显较为荒谬，但对这样的请求，拒绝的形式也要婉转。拒绝的意向要表示得坚定，不要使对方抱有不切实际的希望。

当老师的人每个学期末考试前，都如同过关一样难熬，原因是很多学生以各种借口或方式来打听考题，希望老师高抬贵手"放风"。这是原则问题，是绝对不能答应的。不能说"我们商量一下再说"或"到时候看看再说"。每逢遇到这种情况，有一位老师总是这么说："我也当过学生，当学生的怕考试，古今中外莫不如此。因此，同学们的心情我完全可以理解。但是，十分抱歉，同学们的要求我绝对不能答应。如果在复习中有什么疑难问题，我倒是十分乐于和同学们一起研究解决。"这样做，最后并未损害师生之间的情谊。相反，我们看到个别不负责任的教师，由于试前"放风"，而招致怨声载道：原来学习好的学生，由于现在大家成绩都很高，便认为老师的做法埋没了他的才能；原来学习差的学生，高兴一阵后，觉得这样的考试没有挑战性，也没学到多少东西，结果也很有意见。这样的教师，最后落得个"老鼠掉在风箱里——两头受气"的结局，并未因"放风"为自己树立良好形象。

方法二：彬彬有礼。

拒绝人的时候，应该努力以一种平静而庄重的神情讲话。对于一个客气的拒绝，人们是不能非议的。

一个你所不喜欢的人请你去吃饭，而你又极不愿意去。这时，你如果直截了当回绝他："我才不和你这样的人一起出去吃饭呢！"就会令对方下不了台，也许对方请你吃饭并无恶意。相反，如果你彬彬有礼地说："我很感谢您的盛情。不过，十分抱歉，前天有几位老同学已经约了我，所以今天我就没有福气享受您的美意了。"

由于你有礼貌，又补上了无法反驳的理由，对方也就明白，你真的是无法和他们一起吃饭了，也就只好作罢。因为你拒绝的时候先感谢了他，维护了他的自尊心，他也就不会责怪你了。

方法三：相反建议。

如果你想避免生硬的拒绝，可以提出一个相反的建议，但要符合情理。

假如你的一位同事想把应该由他自己完成的任务转嫁到你的身上，也许你会出自本能地答道："哎呀，你的事我可干不来。"

为了慎重对待，或许你应该这样对他说："我很愿意帮您的忙，但实在不凑巧，我手头上的那份工作还没干完。依我看，就您的能力和素质来看，您是完全可以胜任的，您不妨先干起来。或许我能帮您干点别的什么？譬如说我今天要上街买东西，能顺便给您带点什么吗？"

这样，既有拒绝，又有一个相反的建议，对方还能有什么好说的呢！

方法四：不说理由。

在拒绝人的问题上还有一个误解：必须说明理由。实际上在很多场合下是不必说明理由的，而且理由要说起来也说不清楚，或很可能被对方反驳，那就可能节外生枝、事与愿违了。

例如，有一个很喜欢到处借钱而又不还的人来向你借钱，你就可以很客气地拒绝他："实在对不起，我恐怕帮不上您这个忙。"明确表示无意借给他钱就行了，别的什么也不用讲。如果他继续缠住你，你就把已经讲过的话再客气地重复一遍就行了，他就应该知难而退了。

假如你拒绝之前进行一下解释，那很可能引起新的麻烦：

"实在对不起，这个月工资都用完了。"

"怎么用得这么快？工资才发了一个星期啊！"

"主要是买了不少东西，例如床单……"

"我知道您这个人是很节约的，不会月月都光吧？"

这样，你便陷入了说不清的境地。因为你开始拒绝的前提是不对的：我如果有钱就借给你，我如果没有钱，那就没办法了。对方也正是抓住你心中的这个假设，大做文章，迫使你承认你还有钱。有钱，就得借给他，不借给他，就是"自私自利"。这种逻辑继续延伸下去，必然以不愉快的结局告终。

如果你拒绝的前提是：钱是我劳动所得，借不借给你，完全由我自己决定；有信用的人我乐于相助，没有信用的人，我是决不会为了顾全面子而借钱给他的。那么你心中就坦然得多了，不必跟他讲任何理由，不借就是了。

我们有时候也会求人帮忙，也很可能遭到对方的拒绝。遇到这样的场面，我们也不必过细地追究被拒绝的原因。

的确，被拒绝心里是不好受的，任何人也都想知道一下原因，但是如果穷追不舍地缠住对方，非讲清原因不可，那很可能会破坏双方的感情。

人生不如意的事很多。被拒绝这样一件小事，有什么好探究个没完？当你会意出对方拒绝的心理时，不妨自己把话打断，干脆表示没有关系，反过来还要安慰对方几句，请他不必介意。拒绝你的人在不好意思的情况下，说不定下一次有机会时还真的可以帮你的忙呢！

"有求"未必"必应"。

"弄斧"要到"班门"

北宋王安石晚年罢相，在江宁闲居。一天他独自上山游览佛寺古刹。

在山上，他碰到几个正在侃侃而谈的书生。书生们论今说古，谈文讲史，他们那激昂慷慨的陈说和辩论声，把山林峡谷都震动了。王安石在他们旁边悄悄坐下，静静听着他们的辩论。书生们继续高谈阔论，谁也没去注意这个衣着朴素的老年人。过了好一会儿，才有一个人打量下王安石，并慢条斯理地问："你也懂得书吗？"

王安石连忙谦虚地欠身应答："不懂，不懂。"

那人又带着傲慢的口吻问："那你姓什么，叫什么名字呀？"

王安石拱一拱手，说："老夫姓王，名叫安石。"这句话，王安石虽然只是轻声说出，但是却像夏天的响雷一般，把几个人同时震呆了。他们万万没有想到，面前这个被他们瞧不起的老头，竟是当朝最有名的学者、政治家！他们惶恐不安，一个个羞愧满面，低下头，蹑手蹑脚地从王安石面前溜走了。

这几个穷酸书生才识浅薄而又十分自负，固然给人"班门弄斧"之感，然而更为可悲的是，既然高手"鲁班"就在面前，却全无讨教之心，只会低头而去，如果说他们的自负可笑，他们的自卑就更可怜了。

"不要班门弄斧"，这是中国人的古训。人与人的交往，固然应该谦虚谨慎，但是，在一般的学术及探索未知等诸问题上，过分的"虚心"，则是缺乏真诚的表现，往往会因此失去很多朋友，失去很多向朋友讨教的机会。

鲁班固然很有本事，但非顶峰，世上也没有绝对高峰。如果我们不去赶超鲁班，永远是手锯，而不会有电锯，此其一；不到鲁班面前比一比，而专门到比自己差的人门前"弄斧"，有这个必要吗？又怎么会进步呢？此其二。因此，我们要多交比自己强的朋友，就是要"弄斧班门"。

"不要班门弄斧"，是中国文化在人们心理上的一种积淀，实际上是叫人们在既有的历史面前无所作为，结果是停滞不前。王蒙在他的讽刺小说《煮鸡蛋和广播操》中有这样一段描写：

　　我的爸爸博学多艺，诲人不倦，多年来，他亲自培养我、训练我，想把我造就成为一个人才。

　　他教我文学，他最喜欢的一本书是《唐诗三百首》，在他的训练下，我已经做到倒背如流了。每当我试图读一本新书的时候，他就会发怒，他愤愤地质问说："难道你自认为你已经把唐诗三百首全部学通了么？难道你自认为已经融会贯通了唐诗三百首的全部奥妙、技法、韵律、对偶、炼字、炼意、诗眼、诗味、境界、品格……以及其他等等了么？难道你认为你的诗已经比李白、杜甫、孟浩然、王维、李商隐、杜牧……写得还好，你的水平已经超过了那些诗仙诗圣了么？难道你认为唐诗已经过时了么？"

他教我唱歌，他最喜欢的一支歌是《苏武牧羊》，每当我试图学唱一支别的歌的时候，他愤怒地质问道："难道你认为你已经把《苏武牧羊》唱好了，唱到家了，可以打一百一十分了么……"

……

在爸爸的雄辩的"难道"下，我至今只看过一本书：《唐诗三百首》。只会唱一支歌：《苏武牧羊》。

这位"爸爸"已形成自己的思维定式，这种不能超越前人的理论，也就是不要班门弄斧。可是，这结果是多么可怕呀，搞得"我"只看一本书，只会唱一支歌！

这夸张与讽刺中，不包含有某种真实吗？

在交际过程中，我们提倡勇敢地到班门弄斧。这一点，他比你强，他是"鲁班"，你应该向他学习，到他面前"弄斧"；那一点，你比他强，你是"鲁班"，他应该向你讨教。实际上，在生活中大家都互为"鲁班"，需要彼此"弄斧"。这里，很重要的是，作为"鲁班"时的你，应该欢迎人家来"弄斧"，不要要权威，还要给人家"点拨点拨",如此,双方才会相处得好。

有一个德国的"鲁班"是这样对待敢于来"弄斧"的学生的:

德国马尔堡大学校刊《德国科学》上发表了一篇论文,作者是罗蒙诺索夫,他批驳了他的引路导师、德国著名学者沃尔夫教授的一个错误论点,而举荐发表这篇论文的正是这位教授。

罗蒙诺索夫不只是简单地模仿老师。他十分崇敬沃尔夫老师,但对他的唯心论观点却从不盲从。因此,他敢于向老师直陈己见。豁达大度的沃尔夫对学生的科学见解是十分尊重的。他喜欢这个敢想敢说,才华出众的青年。在罗蒙诺索夫毕业时,教授力荐这位学生留校任教,并答应给他创造良好的科研条件并给予丰厚的待遇。但罗蒙诺索夫想到了他的"母亲"俄罗斯,他说:"不,我的全部知识都是属于人民的,我要把它无保留地献给俄罗斯人民。"

罗蒙诺索夫回国了,但永远忘不了良师沃尔夫,他打心眼里感激这位事业上的导航人。

如此"鲁班"与如此"弄斧人",怎不让我们羡慕呢!

"荣誉就像玩具，
只能玩玩……"

"虚心使人进步，骄傲使人落后"，这是绝对真理。过去，有人用它反对创新，消磨个性，使这句话走样了，成了反对独立思考的工具。然而，就像希特勒吃过苹果不等于我们不能吃苹果一样，并不等于此话错了。

其实，骄傲不仅使人落后，从一定意义上说，甚至是"骄必败"，骄傲是胜利的敌人。法国资产阶级革命时期的风云人物拿破仑，曾经吃了骄傲自大的亏，早年他以"神速和勇猛"的战争手段，常常以少击多，出奇制胜，大军所向，望风披靡，被人视为战争之神。然而，显赫的胜利冲昏了他的头脑，他居然认为"不可能，只是庸人字典中的字眼"，与他无关。于是武断专横，为所欲为。在他大获全胜的奥斯特里茨战役后的第七年，他又亲率六十万大军进攻俄国，被打得一败涂地，后来被流放到圣赫勒拿岛。

巴甫洛夫说："决不要陷于骄傲。因为一骄傲，你们就会在应该同意的场合固执起来；因为一骄傲，你们就会拒绝别人的忠告和友谊的帮助；因为一骄傲，你们就会丧失客观方面的准绳。"人一骄傲起来，挫折和失败的厄运就将接踵而至。

谦卑近于伟大，是一种高尚的品德。19世纪60年代，法朗士等一批法国文学青年，决定创办一个文学刊物，为了使这个刊物引起人们的关注，他们写信给大文豪维克多·雨果，请求他写一封信来作为该刊物的序言。几天后，雨果回了信。打开一看，里面却写道："年轻人：我是过去，你们是未来。我是一片树叶，你们是森林。我是一支蜡烛，你们是万道霞光。我只是一头牛，你们是朝拜耶稣的三博士（指光明而幸运的人物）。我只是一道小溪，你们是汪洋大海。我只是一个鼹鼠掘成的小丘，你们是阿尔卑斯山。我只是……"看了回信，这批文学青年简直不敢相信这是雨果写的。后来，经雨果的女友朱丽叶证实这封信确实出自雨果之手，他们才相信了。然而，他们没敢发表这封信，担心这封信会损害雨果的名誉。

其实，雨果的这封回信，正是雨果谦虚品质的生动体现。它不仅不会损害诗人的名誉，恰恰从又一个侧面，反映了作家伟大和高

尚的品质。

《庄子·山木》中有一篇寓言：杨子是战国初期有名的哲学家。有一次，他长途跋涉去宋国。天黑时分，他来到一家旅店求宿。旅店里有两个年轻女人，其中一个长得俊俏风流，另一个却粗黑丑陋。但是，别人对待那个丑女却十分尊重，视同高贵；而对那个美人却表示轻蔑，视为下贱。杨子在一旁观察了半天，感到有些奇怪，便悄悄地问店小二。店小二附着他的耳朵说："那个美的自己觉得挺美，我倒不觉得她到底美在哪里；那个丑的呢，自己觉得自己十分难看，可我倒不觉得她有什么地方难看。"杨子低头沉思了半天，自言自语道："噢，我明白了，做了好事而并不认为自己做了好事，这样的人无论到什么地方，都会受人欢迎。"

这个故事似乎很滑稽，但用意是严肃的，一个人才能再高，但因他傲慢自大听不进批评意见，就会被人轻视；一个人能力虽小，但因他谦虚自下，反而受人尊重。那些稍有一技之长唯恐人家不知道，或做了一点好事生怕对方不感激的人，实际上就是不懂得这个生活的辩证法。

任何高尚的人，都是谦虚的人，而谦虚的人往往把名誉视若粪土，总是扎扎实实地不断进击。一天，居里夫人的一个女朋友到她家做客，忽然看见她的小女儿正在玩英国皇家协会刚刚颁给她的一枚金质奖章，不禁大吃一惊，忙问："现在能够得到一枚英国皇家协会的奖章是极高的荣誉，你怎么能给孩子玩呢？"

居里夫人笑了笑说："我是想让孩子们从小就知道，荣誉就像玩具，只能玩玩而已，绝不能永远守着它，否则就将一事无成。"

末了，我想引用几段名人名言，作为本文的结尾：

契诃夫说："对自己不满足，是任何真正有天才的人的根本特征。"

高尔基说："智慧是宝石，如果用谦虚镶边，就会更灿烂夺目。"

奥斯特洛夫斯基说："谦逊可以使一个战士更美丽。"

泰戈尔说："一个人就好像是一个分数，他的实际才能好比分子，而他对自己的估价好比分母，分母愈大则分数值就愈小。"

赛跑与摔跤：
竞争与嫉妒

　　《太平御览》里有个"妒花女"的故事。那位满腹醋味的女子是个名叫阮宣武的人的妻子。一年春天，阮宣武观赏院中桃花，兴之所至，赞了声"美哉"，便惹起了她对这桃花的嫉妒，愤恨之下，竟令人将那棵桃树砍掉了。

　　"妒花女"妒花如仇，实在是一种病态心理，读来叫人好笑。然而，在现实生活中，这种"妒花"的人何止一二！这种人有种神经官能症，对好人好事总是产生恶性的条件反射。别人优质高产，他说："不就为了几个钱，卖命！"别人助人为乐，他把嘴一撇："假积极，图表扬。"人家创新成功了，他鼻子一哼："瞎猫碰上死老鼠。"人家评上了先进、劳模，他总是忿忿然不服气："没什么了不起，还不是矮子里边挑将军。"甚至无端地胡说那是和领导如何如何了才捞到的。倘是哪位因为成绩突出得到荣誉和物质奖励，那他就更有话头了，什么"一本万利"呀，"名利双收"呀，"捞一大把"呀，反正是看到别人好，自己浑身不舒服。

有人把嫉妒分成两类：强化自己，超越对方，谓之"西方式嫉妒"；抑制对方，抬高自己，谓之"东方式嫉妒"。如此分类大可不必，因为西方也不乏抑制对方、抬高自己的妒贤嫉能之辈。否则，英国哲学家培根也不会在他的《论嫉妒》一文里一针见血地指出："当一个人自身缺乏某种美德的时候，他就一定要贬低别人的这种美德，以求实现两者的平衡。"而司汤达也没必要愤怒地控诉"嫉妒是诸恶行里面最大的恶行"了。

就拿奥地利生物学家孟德尔来说，他的论文揭示了遗传分离定律和独立分配定律，寄到瑞士植物学权威耐格里那里时，被扼杀了。后来，只得发表在奥地利一个地方杂志上。直到三十四年后，人们才发现这篇重要的科学文献，从而创立了近代遗传学。

同样，挪威二十二岁的阿贝尔，解决了人们几百年悬而未决的数学问题，写出了论文《五次方程代数解法不可能存在》。当时的欧洲"数学之王"高斯审看了论文，大为震惊，认为"太可怕了"，而德国数学权威勾犀则"差不多连一眼也不看"。阿贝尔在二十七岁时因患结核病死去。他的论文直到死后十二年才得以发表。

嫉妒心理是一种低级趣味，是人性中残存的动物性。许多动物的本性中含有嫉妒的成分，一只狼可以把比它多抢了猎物的同类咬死。据中国杂技团驯兽员夏世华讲，小狗之间也容易嫉妒。有一段时间，他接触一只叫"丽丽"的小狗比较多，便惹恼了一只叫"红

红"的小狗，它嫉恨丽丽，以致趁人不注意，竟把丽丽活活咬死了！

东方有"妒花女"，但也不乏心地纯正的伟丈夫！不过，不管东西方，人们深恶痛绝妒贤嫉能之辈，却是一致的。

有一点要说清楚，虽然"嫉妒"时时想拉"竞争"的虎皮当大旗，但"竞争"是个始终不容玷污的少女。竞争，是互相争胜，是一种意志、一种决心，是不爆炸的"挑战"，是人们向上的动力，是人类进步的车轮，其最主要的表现形式就是强化自己、超越对方。劝君莫把竞争和嫉妒扯在一起。

"嫉妒"与"竞争"皆有争胜之意，作家王蒙在一篇小小说《赛跑与摔跤》中，十分形象地在二者之间划下了一道鸿沟。文中写道：A地与B地都开展赛跑运动，A地跑得最快的人叫A甲，其他数位运动员不服气，他们加强锻炼，以求夺冠，A甲为了卫冕，不惜咬牙流汗。A地个个龙腾虎跃，颇见精神。B地的佼佼者是B甲，其他人不服气，却不思去练跑，而专练使绊子。结果，信号枪一响，B地起跑线上立即开始了一场奇特的摔跤运动。体委负责人无奈，只好临时将赛跑改为了摔跤演习……

这里，赛跑是竞争，摔跤则是嫉妒了。

如何治"妒"，人们议论颇多，似乎还未得良药。知人论世极深的曹雪芹在《红楼梦》里，开了一副"疗妒汤"，那也只是自我

解嘲而已。据报道，德国已正式把嫉妒列为一种病，可以接受免费治疗。但疗效如何，不得而知。至于"嫉妒者最终没有好下场"的说法，对被妒者来说，也只是一种精神安慰而已。

嫉妒别人，压低别人以抬高自己，这叫"水落石出"；羡慕别人，迎头赶上，这叫"水涨船高"。以上的例子，实际上已经反证出了克服嫉妒之法，在于迎头赶上，在于"赛跑"，在于"水涨船高"。我国著名围棋运动员聂卫平，在一次全国围棋比赛中败给了后起新秀，事后他写了篇文章在报纸上发表，题目就叫《没拿到冠军，我也高兴》。为什么呢？他说："当年我们脱颖而出，超过了老一代棋手，今天小将又战胜我们，过一段时间，又有新的新秀战胜他们。这正是我国围棋事业兴旺发达的标志。"聂卫平的眼光与嫉贤妒能者相比，真是天壤之别！在我们文艺界，还有一些热爱"劲敌"的故事：一次，报告文学女作家黄宗英看到女作家柯岩写了一篇出色的报告文学，她边读边微笑自语："我可爱的劲敌！"京剧演员李维康是比刘长瑜低七个年级的校友，刘长瑜看到李维康精彩的演出，情不自禁地表示"为有这样一位'劲敌'而高兴"。黄宗英和刘长瑜都是文艺界名人，她们对于已经可能超过自己的人既无嫉才妒能之心，又无灰心丧气、甘居人后之意，她们受到激励，决心与之一道并进。这种鞭策自己不肯落后于人的态度，才是我们提倡的正确态度。

猪为什么要怕壮

一位著名教授在与美国人谈及我们的观点变革时，讲了这么一段话："要破除'中庸'的哲学，特别要改变'人怕出名猪怕壮'的心理。"美国人听后不理解，人，怎么能怕出名呢？人就是要出名嘛！猪为什么要怕壮呢？这更是让人匪夷所思。于是，中国教授不得不做了解释，美国朋友这才恍然大悟。

由于封建时代的历史漫长，使我们的民族因袭守旧的负担太重了。怕冒尖，不过是其中的一种。自古以来，人们对"行高于众，人必非之"的反常现象，无不感慨系之。保守的处世哲学，使一些人学乖了：不骑马，不骑牛，骑个毛驴笃悠悠。你要冒尖吗？那么，"枪打出头鸟"，"出头椽子先烂"。然而，要想在自己的人生道路上有所作为，却恰恰需要敢于冒尖。

敢于冒尖，是人的一种基本需要。我们知道，人的基本需要系列中有一级就是自我实现的需要，它指的就是个人的积极性、主动性、创造性。这三个"性"，有些心理学家也把它们称为"成就动机"，就是指一种推动自己去从事、完成自己认为有价值的工作，并使之达到某种理想地步的内部力量。人为地去压抑自己内心的自我实现需要，扼杀自己内心的"成就动机"，那无疑是用冰水扑灭熊熊的热情之火，使你产生一种心理变态。

《科学导报》上曾发表过1979年诺贝尔物理学奖获得者温伯格的一段答记者问，对我们理解"敢于冒尖"很有启发。记者问："你觉得哪些是科学家必须具备的素质？"温伯格答："这个问题同样因人而异，不同的人可以按不同的途径达到很高的成就。每个理论物理学家必须具备一定的数学才能。这并不是说数学最好的人就会是最好的物理学家。很重要的一个素质是'进攻性'，不是人与人关系的'进攻性'，而是对自然的'进攻性'。不要安于接受书本给你的答案，要去尝试下一步，尝试发现有什么与书本不同的东西。这种素质可能比其他素质更重要，往往是区别最好的学生与次好的学生的标准。当然，必须付出大量的艰苦劳动。"从温伯格的这段谈话中，我们对"敢于冒尖"可以有一个大致归纳：

第一，敢于冒尖，指的是一种对未知领域（自然、社会、人的思维）锐意进取的探求精神。

第二，敢于冒尖，同人与人关系中的"进攻性"或"追逐名利"毫不相干。它是以科学态度待人待事的一种进取道德。

第三，敢于冒尖不等于好高骛远，它是从客观实际和自我能力实际出发的。

第四，敢于冒尖与谦逊态度是并行不悖的，从某种意义上说，谦逊是"冒尖"的有机组成部分。

你要给人留下美好的形象吗？那么，你必须敢于冒尖。在生活中，思想僵化、墨守成规、安于现状、得过且过的人，是遭人厌弃的。像俄国作家果戈理的长篇小说《奥勃洛摩夫》里的主人公奥勃洛摩夫，他整天躺在床上，饱食终日，无一丝进取之心，有谁会对他产生好感呢？相反，对思想活跃、较少受习俗的束缚、不满于现状、勤于探索、渴望创新的人，人们最终将从内心发出由衷的钦佩。

在敢于冒尖的同时，还需要正确对待进步和荣誉。假如，人冒尖了，反成众矢之的，有什么好？再说万一被别人超过，面子往哪里搁？确实，在激烈的竞争中，冒尖者时常成为别人赶超的对象。中国女排"三连冠"之后，不就碰到这种情况吗？她们比赛到哪里，日本等国的排球教练就会追踪到哪里，研究她们的球路、阵容与绝招，甚至还把录像一段一段放映，细细琢磨呢！但我们也必须承认，这种情况又是正常的。过去是说："创业难，守业更难。"但在竞争日益激烈的时代，已经没有原来意义上的"守业"了。你要有所作为吗？那你就必须把自己永远置身于"创业"之中。别人赶上了你，你不必自惭形秽，"山外青山楼外楼，英雄好汉在前头"，自然更不存在"面子"往哪里搁的问题了。你完全可以从自己被人赶上的局面中，仔细找找原因，争取"东山再起"。永远是你"冒尖"，对你说来，固然是好事，但其他人通过努力超过了你，也是一件好事，因为它表现了整个集体的活力，人与人之间，充满了你追我赶的竞争氛围。因此，不必在进步和荣誉的问题上，过多计较，致使自己心中"敢于冒尖"的火种熄灭。

在自己敢于冒尖的同时，应该激励别人竞争，激起人们超越他人的欲望。

如果没有人向提奥多·罗斯福挑战，他可能就不会成为美国总统。当时，这位义勇骑兵队的创始人刚从古巴归来，并被推选出来竞选纽约州州长。结果，反对党发现他不再是该州的合法居民，罗斯福吓坏了。他想退避三舍，免得惹是生非。这时，托马斯·科力尔·普列特提出了挑战。他突然转身面对罗斯福大声叫起来："圣璜山的这位英雄，难道只是一名懦夫？！"

罗斯福大为震动。于是他留了下来，接受挑战。这次挑战不仅改变了他的一生，对于美国历史也有着很大的影响。

敢于冒尖，鼓励他人冒尖，在你追我赶中完善自己，加深友谊，这绝不会使你孤立于众，反而会使你备受敬慕。唯有如此，才可能创造一个生机勃勃的人际环境。

道歉的勇气与道歉的艺术

美国学者苏姗·雅格比说："在我最初的记忆中，母亲对我说，在说'对不起'时，眼睛不要看地上，抬起头，看着对方的眼睛。这样他才会明白你是真诚的。我母亲就这样传授了良好的道歉艺术：必须直率。当你因一个差错责备了部下，结果证明是你的不对，事后向他道歉时，不要翻看一扎信件。当你中伤了女主人的贵宾，不要次日送来一些鲜花而不提及你的不良行为。"

有效的道歉是准备为错事承担责任。有意进行辩解会冲淡歉意，并剥夺对方表示谅解的机会。因为大多数人喜欢显得宽宏大量，不带辩解的道歉使双方都感到自己姿态高，这正是所有道歉的目的。道歉者的部分还是全部错误无关紧要，对自己的行为承担责任本身就是促使其他人承担他们那份责任。

萨拉一次住在她朋友家，点着烟睡着了，把主人一床被子烧了一个洞，她心里非常过意不去。假如她问主人："我赔钱行吗？"几乎毫无意义，因为这话通常引出的回答是："哎呀，不必了，别把这当回事。"萨拉解决这个问题的办法是，找到一位修补被子的妇女，把这位妇女的电话号码告诉她朋友，并告知她已经付了修补费用。

在许多情况下，毁坏的东西无法修理或赔偿。有一位名叫巴巴拉的人，她在一次晚宴上喝醉了，突然把一个嵌有蓝宝石的金手镯扔进厨房垃圾粉碎机。巴巴拉无力赔偿手镯。

巴巴拉写了一张字条——这是怀有内疚时对自己行为表示懊悔的好方法：它不是简单地说声"对不起"就完了。在字条上，你可以把要说的话都说出，直到你觉得心安。不管人们是否承认，大多数人喜欢看用白纸黑字写下的忏悔。这字条开始写道："我知道我

昨晚的行为是无可原谅的，我肯定您明白我并不是故意丢掉您的手镯。但是，如果我当时举止得体，绝不可能发生那件事。"巴巴拉随字条附上一盎司她朋友最喜欢的香水，并说明这件小礼物并非想要赔偿手镯，而是真心实意道歉的一点表示。

"表示"是个关键词，物质的道歉并非意味着要作为精确等价赔偿，它是真心实意的象征。

真正的道歉不只是认错，它承认你的言行破坏了彼此的关系，而且你对这个关系十分在乎，所以希望重归于好。诚恳的道歉不但可以弥补破裂了的关系，而且还可以增进感情。

人孰无过，我们都需要学会这几种道歉艺术：

一、如果你觉得道歉的话说不出口，可以用别的方式替代。

吵架后，一束鲜花能令前嫌冰释；把一件小礼物放在对方的枕头底下，也可以表明悔意。

二、切记道歉并非耻辱，而是真挚和诚恳的表现。丘吉尔起初对杜鲁门的印象很坏，但后来他告诉杜鲁门说，以前低估了他。这是一种以赞誉的形式作为道歉的方法。

三、道歉要堂堂正正，不必奴颜婢膝。你想纠正错误，这是值得尊敬的事。

四、假如有人得罪了你，而对方又没表示歉意，你不必发火或生闷气。写一封短笺，或请一位友人传话，向对方说明你不愉快的原因，表明你很想排除这个烦恼。你如果能减少对方道歉时的难堪，他往往就会向你表示歉意。

五、应该道歉时，马上道歉，耽搁越久便越难启齿，有时甚至追悔莫及。你打电话，写封信，送本书，或者用其他任何足以表达心意的东西代你做这样的表示："我对彼此的隔阂深感难过，极望冰释前嫌，甘愿承担全部咎责，并盼你能接纳这点微意：对不起。"

接受道歉同向人道歉一样是一种社交技巧。有一位母亲，孩子们向她道歉后她总要搂抱和亲吻他们。她说："要让孩子明白，他们不必为了得到爱而隐瞒干过的错事。相爱的人是能够相互谅解的。"

由于多数人发现向人赔礼道歉很困难，因此接受者应承认对方的努力，"我知道你道歉不轻松"或"我真的很佩服你说的那番话"。一个小小象征性的手势也许会加强谅解的效果。邀请道歉的朋友吃中饭，送懊悔的配偶一束花，你会感到自己比以往更加宽宏大量。

"恭维"——真诚的假话

我这里要说的所谓"恭维"，包含有祝福和鼓励的意思，而不是吹捧。

中国的某些人似乎没有祝福他人的习惯，对别人的幸福，总是有意无意地表现出一种不以为然的神情；对别人的成就，那更是不值一提了。这些人往往会不屑地说："哼，这有什么了不起！"似乎别人的一切都没有什么"了不起"，唯有他从鼻孔里喷出的这个"哼"字，是最为了不起的。在外国，你如果对一个姑娘说："您长得真美！"姑娘会感激地对你一笑，说声"谢谢"。在中国，假如对陌生女性也这么说，姑娘没准要骂你"流氓"了。

在生活中，我们要永远使对方觉得重要。要知道，使自己变成重要人物，是每个人的欲望。因而，要学会"恭维"人。

一回，戴尔·卡耐基在纽约的一家邮局寄信，发现那位管挂号信的职员对自己的工作很不耐烦，于是，他暗暗对自己说："卡耐基，你要使这位仁兄高兴起来，要他马上喜欢你。"同时，他又提醒自己：要他马上喜欢自己，必须说些关于他的好听的话。而他有什么值得欣赏的呢？有的。

轮到他处理卡耐基的信件时，他看着职员，很诚恳地对他说："你的头发太漂亮了。"

他抬起头，有点惊讶，脸上露出了无法掩饰的微笑。他谦虚地说："哪里，不如从前了。"卡耐基对他说："这是真的，简直像是年轻人的头发一样！"他高兴极了。于是，他们愉快地交谈起来。当卡耐基离开时，这位职员说的最后一句话是："许多人都问我用了什么秘方，其实是天生的。"这位朋友的情绪明显地好起来了。

有人问卡耐基："你为什么要这样做呢？你想从他那里得到什么呢？"

　　卡耐基答说："什么也不要。如果我们只图从别人那里获得什么、那我们就无法给人一些真诚的赞美，那也就无法真诚地给别人一些快乐了。如果一定要说我想得到什么的话，告诉你，我想得到的只是一件无价的东西，这就是我为他做了一件事情，而他又无法回报我。过后不久，在我心中还有一种满足的感觉。"

　　看来，不论你承认也罢，不承认也罢，"恭维"话人人爱听。这是因为每个人都有希望，年轻人希望寄托于自身，老年人希望寄托于子孙。年轻人自以为前途无量，你如果举出几点证明他的将来一定大有成就，他肯定十分高兴，引你为知己。当然，他的实际情况也许和你摩拳擦掌有距离，但这无关紧要。因为，你客观上鼓励了他，这可以说是"真诚的假话"。他的成就也许确实是微不足道的，但为了不伤他的感情和积极性，还是要向他表示你的好意。对老年人则不能这样，老人家历尽沧桑，几十年的光阴，也许并未达到预期的目的，他对自己不复有十分希望，他所希望的，是他的子孙。如果你说他的儿子，无论学问能力，都胜过他，虽然你是抑父

扬子，他一般不但不会怪罪你，反而十分感激你。

"恭维"要掌握分寸，要讲究艺术，任何东西都要有个"度"。"恭维"过了头，适得其反，成了吹捧，这是需要我们切实把握的。

有一则《五客捧猫》的寓言，值得我们深思：齐奄家里养了一只猫——一只普普通通的猫，可是，他却把那只猫看得很出奇，给它取了一个雅号：虎猫。

一个客人听说后，前来劝说齐奄："你养的那只猫非同一般，一定得起一个合适的名字。老虎固然凶猛，可是不如龙，龙有神性，本领更高！还是改名'龙猫'为好。"

第二位客人前来劝说齐奄："龙的本领虽然比虎强，可是，龙升天的时候，得靠浮云，这样看，云彩的能力不是超过了龙吗？不如起名'云猫'。"

第三位客人又来劝说，云敌不住风，所以建议换成"风猫"。

第四位客人则说，墙可以挡风，还是叫"墙猫"更好。

第五位客人更有高见，认为墙虽然坚固，可老鼠可以从上面打出洞来，还是老鼠本领最大，应改名"鼠猫"。

猫本来是吃老鼠的，怎么倒成了"鼠猫"？

客人为了讨好齐奄，对齐奄的宠猫大加吹捧。起初听了让人害怕，继而让人发愣，最后让人发笑。

这则寓言告诉我们，夸大或无中生有地颂扬别人的优点，最终会使被吹捧者面目全非。如此"恭维"人，在被恭维者看来可悲，旁观者看来，则是十分可笑的了！

雨果把半边头发和胡子剪去了

中国有一句老话叫"鸡犬之声相闻，老死不相往来"，说的是封建社会的人，你干你的，我干我的，互不干扰，相安无事。然而，现在的人际关系却走向了另一极端：鸡犬之声相闻，不死就要常来常往，让人应接不暇。一些人，不论有事无事，到别人家里一坐就是一两个小时，海阔天空，瞎吹一阵，让人心烦。

一位作家有过这样的体验：灯下，正埋头疾书，思绪像从蚕茧中抽出的丝一样，闪闪发光，有条不紊。

"笃！笃！笃！"敲门声打断了他的思路。他只好开门，把来者让进屋。客人十分健谈，一谈就是两三个小时。尽管作家已沉默不语，他却依然滔滔不绝。送走客人，夜已深沉。当作家重新伏到案头时，脑子里像是被搅成了一团乱麻，再也理不出头绪了。

这就向我们提出了一个十分重要的问题：在为人处世过程中，应该十分讲究时间道德。

时间是生命的存在形式。鲁迅说："无端地浪费别人的时间，就等于谋财害命。"李白写道："东流不作西归水，落花辞条羞故林。"讲出了时间的不可逆性。时间之流，日夜奔泻，一去不返。陆放翁诗云："今朝霎荷已可惜，明日重寻更无迹。"这无疑是对时间一去不返性和瞬逝性的双重咏叹。一个人对时间的利用，取决于主客观因素。从主观上说，本人应该懂得节约时间，提高时间利用率；从客观上讲，与这个"本人"有关的"他人"，应该不去无故打扰、浪费他的时间，使他能够支配自己的时间，做时间的主人。

现代生活离不开社交，社交必定要花费时间。如果反对在社交中花费一定的时间，就等于取消社交。问题的根本在于不要无端地浪费别人的时间，不要没事找事地瞎聊，用中国的古话说，就叫"无事不登三宝殿"。

"无事不登三宝殿"，那么有事呢？当

然，有事是要和朋友交往的。但是，这也要具体对待。譬如，如果打电话能办妥的事，就不必登门拜访，因为打电话更可以节约时间。你去拜访朋友，少不了要寒暄一番，要品茗闲聊，然后才能"言归正传"，到该用饭的时间，还得留饭，而打电话就少了这方面的麻烦。如果有些事非得登门拜访，那就要与对方约定，抽出一个双方都允许的时间相会。须知，每个人的社交都是"多头"的、"立体"的，只顾你这一面，不顾其他方面，结果就可能在社交过程中"撞车"，达不到良好的效果。

约定时间以后，就要如期践约。这里的"如期"，在时间上要定得严格一些，上午还是下午？大约几点？如果双方时间定得很宽，这样会使彼此像捉迷藏似的浪费时间。列宁对这个问题是十分注意的。1921年10月13日，他在一封信中批评道："现在汇报人总是笼笼统统地被召来开会，一等就是几个小时。这太不像话，简直是胡闹。必须做到使汇报人在一定的时间出席会议，做到使汇报人等待的时间不超过15分钟。"等待不超过15分钟！多么精确的时间观念。如果我们都能这样做，那么社交过程的时间浪费就要少得多。

至于对付那些"清谈家"，我以为当拒绝则拒绝，不应客气而苦了自己。有一回，雨果正在赶写一部小说。可是许多客人来找他，一聊就没完没了，而且还要他参加宴会、舞会什么的，雨果对此很苦恼，可又不好意思逐客。于是，他想了个绝妙的谢客法。他把自己的半边头发和胡子全部剪去了，为闭门写作找到了充分理由，以后有人来邀他参加舞会，见到他这般模样，啼笑皆非，只得扫兴而去。过些日子，雨果的头发、胡子长出来了，他的作品也大功告成了。

当然，我们不是提倡都像雨果这样采取极端措施，而是强调应该采取一些具体而切实的办法安排好时间。"世间事了又未了，不妨以不了了之"，对"清谈家"不了了之，未尝不是一个办法。

我看了一些材料，突然发现，"老死不相往来"并非只是古代社会才有的现象，这是否也算一种"否定之否定"呢？在发达的西方，人与人之间也常常是"不相往来"的。据说，在美国，有的邻居面对面住了好几年，还不知道彼此的姓名，他们似乎是做到了"无事不登三宝殿"。当然，西方某些国家人与人的感情过于疏远了，有不足取的一面。但是，我们是不是也要少搞一点"关系网"之类，各位都凭自己的本事过活，都有"光阴迫""只争朝夕"的观念，不浪费自己的时间，也不糟蹋别人的时间。有事才登三宝殿，无事彼此不往来，如何？

用幽默化解困窘

在生活中遇到难题，如果来点幽默，就可能很快得到解决。但是许多人却采取硬碰硬的办法，结果失败了。有一位叫萨姆的年轻朋友，讲了一件他的真实经历：他由于迟到，曾受过上司的严厉警告。有一天上班，偏偏又碰上交通堵塞。"生病了，无法及时上班"，虽然可以作为迟到的理由，但是他觉得这老一套不管用。上司大概已经在为解聘他而准备说辞了。

果然如此。萨姆9点30分走进办公室时，里面寂静无声，像个冷藏库似的，大家都在埋头工作。萨姆的上司朝他走过来。这时萨姆突然装出一副笑脸，把手伸了过去，对上司说："您好！我是萨姆·梅纳德，来这儿谋一份差事，我知道，35分钟以前这里刚有一个空缺。我能算捷足先登者吗？"

办公室里哄堂大笑。萨姆的上司好不容易憋住了，没有笑出声来，回头走进了自己的办公室。萨姆用幽默保住了差事。

幽默是避免小事酿成大乱子的良好手段。有一对年轻夫妻，结婚后经常吵架。两人都感到忍无可忍了。在一次争吵中，女人说：
"天哪，这哪像个家！我再也不能在这样的家里待下去了！"说
完，她就拎起自己放衣服的皮箱，夺门冲了出去。她刚出门，男人
也叫起来："等等我，咱们一起走！天哪，这样的家有谁能待下去
呢？！"男人也拎上自己的皮箱，赶上妻子，并把她手中的皮箱接
过来。结果，他们不知在哪儿转了一圈，又一块儿回家了。回来的
时候，他们的神情像刚刚度完蜜月一样。

是男人的那句幽默话挽救了这个家庭。

有时候为了化解困境，没有任何
合适的方式，只有依靠幽默的力量。
带幽默感的微笑能消除敌对的情绪。
爱迪生致力于制造白炽灯泡的时候，
有一位缺乏想象力又毫无幽默感的人
取笑他，说："先生，你已经失败
了一千两百次了。"爱迪生回驳道：

"我的成就是发现了一千两百种材料不适合做灯丝！"说完，他自己先纵声大笑起来。这句妙答后来世人皆知。一般具有这种幽默感的人，都有一种超群拔众的人格，能自在地感受到自己的力量，独自应付任何困境。再看这样一段对话：

"你赞成最近公布的那条新法案吗？"

"嗯，我的朋友之中，有的赞成，有的反对。"

"那么你呢？我问的是你。"

"我赞成我的朋友们，先生。"

这位被追问者是以友善的方式表达了：让我们赞同各种不同的意见吧。如果我们面对一件众说纷纭的事情，或者是一个很棘手的问题，那么这种回答方式不是很妙吗？

许多著名人物，特别是演员，都以取笑、调侃自己来达到

双方完满的沟通。他们利用一般认为并不好看的外貌特征来调侃自己。有一位发胖的女演员，拿自己的体态开玩笑说："我不敢穿上白色泳衣去海边游泳。我一去，飞过上空的美国空军一定会大为紧张，以为他们发现了古巴。"

人们没有理由不喜欢这样的人。如果今后他们拿我们开玩笑时，我们只能同他们一起哈哈大笑，而没有半点怨言。

如果你的缺点、能力或成就可能引起他人的嫉妒或畏惧，那么就要设法去改变这些不好的看法。例如你说一句妙语："世上没有一个像样的完人，我就是最好的例子。"你以取笑自己来和他人一起笑，会帮助他人喜欢你，尊敬你，甚至钦佩你。因为你的幽默向人证明了你具有善良大方的品质。

肩负重任的"大人物"常以幽默来回避难题和解决重大问题。蒋经国当选为"总统"后，有记者请他的弟弟蒋纬国谈谈"感觉"，蒋纬国说了一句著名的话："我的感觉是我'提升'了，由总统的儿子'提升'为总统的弟弟。"这一"幽默"，巧妙地回避了对实质问题的回答。

幽默是一种才华，是一种力量，或者说是人类面对共同的生活困境而创造出来的一种文明。它以愉悦的方式表达人的真诚、大方和心灵的善良。它像一座桥梁，拉近人与人之间的距离，弥补人与人之间的鸿沟，润滑人际关系，消除人生压力，是奋发向上者希望与他人建立良好关系不可缺少的东西，也是每一个希望减轻自己人生重担的人所必须依靠的"拐杖"。

朋友，愿您笑口常开，多一点幽默。

入境问禁，
入乡随俗

古人说："入境而问禁，入国而问俗，入门而问讳。"入乡问俗，入乡随俗，这对于社交的成败是至关重要的。

中国地广天宽，方言俚语如林如海，往往同样一句话，意义完全相反，你以为侮辱，他以为尊敬；你以为尊敬，他以为侮辱。从前有个江浙人到北方去做官，他的妻子，也是南方人。有一天，太太叫女佣洗衣服，她说："洗好后，出去晾晾。""晾晾"的字音，南方人读"浪浪"，"浪浪"在北方是不好听的名词，女佣听了，当然不高兴。又如，在安徽，称朋友的母亲为老太婆，是尊敬她。但是，如果在浙江，称朋友的母亲为老太婆，那简直是骂她了。假如我们一不留心，脱口而出，很容易不欢而散。

各地有各地的风俗习惯，如果事先不"随俗"，往往造成尴尬。有人说，蒙古人是好客的，对陌生的来客，主人常会把他当作贵客招待，恭敬地将传统的奶茶和其他乳制品端到客人面前。但是如果你不尊重他们的特殊习惯，那就会马上把你驱逐出去。蒙古人几乎家家养狗，这些狗体大性猛。主人出来之前，徒步的客人可以拿着棍杖抵御狗的进攻；一旦主人出来制止狗吠，将客人引进蒙古包里，作为客人就一定要将棍杖或鞭子放在门外，如果你将棍杖或鞭子带入包内，就是对主人的侮辱。进入帐幕，通常不必脱帽，如果要脱，切不可将帽子朝着门口放。客人应盘腿而坐，如果盘腿不习惯，则必须将两腿伸向门口，而不能向内。如果你对这些都尊重了，那么，你就会受到贵宾应受的优厚待遇，而如果不尊重，那后果是可以设想的。

各个国家和民族在长期的发展过程中，都形成了自己独特的讳忌，如果犯了忌，就会使异域的朋友不高兴。譬如，西方人认为"13"是不吉利的数字，在任何场合都要尽量避开它。大厦的"12"楼上面是"14"楼，宴会厅的餐桌"14"号紧挨着"12"号，每月的13日这天，他们也会感到惴惴不安。到西方国家去，如果不注意避开"13"，那是会得罪人的。在我们中国，人们通常赞美孩子的时候会说这孩子的眼睛亮，精神。可是，在伊朗，你一议论孩子的眼睛，他们就会非常反感。外人千万不能轻易评论孩子的眼睛。若是出言不慎，母亲就很有可能出钱让人挖掉婴儿的"邪眼"，那样岂不是无意间害了孩子？

我的一位朋友谈了他出访美国时的一段经历，颇有意思。他在访美之前，读了十几本介绍美国情况的书。有一本书叫《美国一月游》，书中写了一个细节：接待访客的美国朋友都是自己驾车接送，所以要与驾车者并排而坐。这位朋友想，这显然是表示彼此平等，而不是把对方当成"车夫"的意思。因此，他把这个细节记得很牢。无论是从机场到旅馆，或者从旅馆去家访，都有一位负责接待的朋友亲自驾车迎送。这位朋友也按照书中指点的规矩"前排就座"，一直平静无事。

可是，当他应邀到一户人家做客时，却遇到了新情况。这回送他回旅馆的不是一个人，而是一对退休夫妇。快上车时，他发现这对恩爱的老夫妻已捷足先登，端坐前排了。翻译请他坐后排，却没有说明理由。这位朋友自然坚持要与驾车的老先生并排而坐，以示对他的尊重。天下着雨，那对老人见他迟迟不上车，跟翻译叽里咕噜不知说什么，似乎有点着急。翻译只好把他想坐前排的意思告诉他们。那位太太听了便让出座位到后排来。车子开动后，他忽然觉得刚才两位老人仿佛神色有异，还耳语了一阵。难道我坐错位子了吗？他想。他有点不放心，便通过翻译告诉他们，出国前看过这样一本书，书中谈到美国有那样一种规矩，问他们是不是真的。他们一听都笑了。那位老太太说："没关系。我本来应该把那个位子让给您坐，在英国，我也曾经当着人家的面递东西。"

他一听知道坏了。她言下之意是，他同她在英国一样失礼了。究竟错在哪里呢？原来，书上说的是一种情况，还有另一种情况，当驾车者有太太陪同时，前排副驾驶的位置就变得尊贵起来，只能由他的太太独享了。这位朋友是犯了"只知其一，不知其二"的错误。因此，有时候尽管看了一些介绍风俗的书，也还要见机行事，客随主便。

最后，在与外国朋友交往时，自己的服饰也应有所检点。除了要求整洁、美观外，还应考虑到外国人的服饰习惯。日本人忌绿色，认为绿色象征不祥。比利时人忌黄色，而尤以黄色为不吉利的标志。欧美许多国家把黑色作为丧葬的象征，如果你穿上黑色的衣服去串门，一定会被主人所冷遇。在埃塞俄比亚，出门做客就绝不能穿淡黄色衣服。摩洛哥人忌讳白色，一般人都不穿白色衣服，因为他们认为白色是贫困的象征。乌拉圭人忌青色，认为青色意味着黑暗的前夕。这些方面的问题，都是很值得我们注意的。尤其是我们作为使者或客人外访时，预先得有一点了解，免得到时候出"洋相"，造成不好的影响。

外圆内方

外圆内方，这不是老谋深算者的处世哲学吗？且慢声讨。我以为，圆，是为了减少阻力，是方法；方是立世之本，是实质。

船头，为什么不是方形而总是尖形或尖圆形的呢？是为了劈波斩浪，更快地驶向彼岸。倘有方船，庄重是够庄重的了，先不说前进不得，遇到风浪，怕是很快要被淹没哩！

人生也像大海，处处有风浪，时时有阻力。我们是与所有的阻力较量，拼个你死我活，还是积极地排除万难，去争取最后的胜利？生活是这样告诉我们的：事事计较、处处摩擦者，哪怕壮志凌云，即使聪明绝顶，也往往落得壮志未酬泪满襟的结果。

为了绚丽的人生，需要许多痛苦的妥协。必要的合理的妥协，这便是我所说的"圆"。不学会"圆"，没有驾驭感情的意志，往往碰得焦头烂额、一败涂地。

旧中国，在封建高压下，为了维护人格的独立，许多正直而又明智的知识分子在复杂多变的环境中，逐渐形成了"外圆内方"的性格。不是锋芒毕露，义无反顾，而是有张有弛，掌握分寸。1935年，蔡尚思写就《中国社会科学革命史》时，欧阳予倩曾谆谆告诫这位青年史学家："秉笔的态度自然要严正，不过万不宜有火气……可否寓批判于叙述中呢？"他建议以"纯研究的态度"作为进攻的"挡箭牌"，书名宜改为《中国社会思想史》。最后，欧阳予倩感叹："蔡先生，我佩服你的努力，可是思想界的悲哀，谁也逃不掉呵。"

不过，这些知识分子在方式方法和局部问题上，可以委婉圆润，有所妥协，而在事关大是大非、人格良心的原则立场上却毫不含糊，旗帜鲜明。近代职业教育家，中国民主同盟领袖之一黄炎培即是典型。"取象于钱，外圆内方"是他亲笔书写的处世立身的座右铭。他在1946年调解国共冲突时未尝不委曲求全，"不偏不倚"，从未与蒋介石拉下脸。当蒋以"教育部长"许愿企图将他诱入伪"国大"泥淖时，黄却不为所动，答以"我不能自毁人格"，维护了政治气节。"外圆内方"是微妙的、高超的处世艺术，它是近代独立人格在东方专制国度里可喜而又可悲的变形。它维护了人格的独立，保全了人才的精华，也多少损伤了自由的尊严，使人格主体为把握正义和生存的平衡艰难地度量着。1947年底，在国民党的淫威下，黄炎培代表民盟被迫与当局达成自动解散民盟的协议。尽管此举避免了广大盟员不必要的流血牺牲，但黄良心上的失落感却使他极其痛苦不安，吟出"黄花心事有谁知，傲尽风霜两鬓丝"

的苦句。"外圆内方"者的内心是分裂的，他们最大的困惑和苦痛就是如何将双重的性格独立，东方国家的知识分子做出了西方人所无法理喻的精神牺牲和无从体味的灵魂煎熬！

当然，在今天的社会条件下，我们更多的是"人民内部矛盾"，但有时也同样要来一点"外圆内方"。也许某些人是可恶的，他是这样的小家子气，如此的自私，这般的狂妄，出奇的愚昧，让人无法忍受的独断专行等等。可是朋友，可能你是一个很高尚的人，有知识，有修养，长得也漂亮，容忍他人吧，容忍他人的怪癖甚至丑陋，就像容忍自己的阴影一样，就像容忍和尚只管念经不管生产一样。鲁迅是一个反愚昧、反迷信、反封建的斗士，可是，据周建人回忆，他祖母死时，鲁迅也披麻戴孝，跪在祖母灵前，烧香化纸……在此境此情中，鲁迅也"圆"了一下。

他人的觉悟程度，是他人人生经历的结果。改变他人就像改变自己一样，是一个艰难的痛苦的过程。我们固然需要对他人的劣根性的批判，然而，我们更需要的是对他人施之以自己诚挚的厚爱。

愤恨于他人的人，其内耗是极大的。这是否也是一种自我的丧失？丧失在自己偏激的怒海之中。我以为，内心坚定的人，没有功夫叹息，没有时间愤恨，他把别人用来品头论足的时光，都花在对事业的辛勤耕耘上！

圆，是一种豁达，是宽厚，是善解人意，与人为善，是心胸的宽阔，是生活的轻松，是人生经历和智慧的优越感，是对自我的征服，是通往成功的坦荡大道。

　　然而，只圆不方，是一个八面玲珑、滚来滚去的"0"，那就失之圆滑了。方，是人格的自立，自我价值的体现，是对人类文明的孜孜以求，是对美好理想的坚定追求。一个成熟的人，无论遇到狂风还是飞雪，酷暑还是严寒，飞黄腾达还是穷愁潦倒，无论遇上人类曾经有过还是不曾有过的苦难，无论处在人们可以想象还是无法想象的困境，他都矢志不移、不折不扣、义无反顾地追求自己的人生目标，以求对人类对社会的最大贡献。这，便是所谓的"方"。

以柔克刚

马辛利任美国总统时，一项人事调动遭到许多政客的反对。在接受代表询问时，一位国会议员脾气暴躁，粗声恶气，开口就给总统一顿难堪的讥骂。但马辛利却视若无睹，不吭一声，任凭他骂得声嘶力竭，然后才用极和婉的口气说："你现在怒气应该平和了吧？照理你是没有权利这样责问我的，但现在我仍愿意详细解释给你听听……"

这几句话把那位议员说得羞愧万分。其实不等马辛利总统解释，那位议员已被他折服了。也许你以为马辛利总统是个"没有脾气的人"，恰恰相反，他是个脾气极大的人，只是他也有一股同样大的自制力，能将脾气暂压住。

又有一次，一位众议员在马辛利总统面前自吹自擂，而事实上，总统明知他是一个口是心非、不忠不义之徒。当时他不露声色，直到那个人走后，他才突然将胸中那股怒气发泄出来。他拍桌摔椅，好似一个疯子，指出那个议员胡说八道，连当时在他身边的一个密友，都吓了一跳。这是他忍无可忍的表示，但也充分看出他的涵养。

孙子兵法有一招叫"以柔克刚"，讲的是要想制服一个大发脾气的人，再没有比"低声下气"更好的了。对方愈是发怒，愈应镇定温和；愈是紧张的场合，愈应保持冷静头脑。如果能做到这点，

你一定不难发觉对方因兴奋过度而显出的种种弱点，而能一一加以击破。

"以柔克刚"，还表现在特定的人物和场合的迂回，而不是以硬碰硬，以刚克刚。好比走路，时常会遇到各种障碍，如果面前横了一块大石头，你究竟是搬开它再往前走，或是从上面爬过去，还是绕开石头走路？搬开"石头"要用多大力气，自己是否对付得了？爬过去会不会摔跤？绕开它，路程又远了多少？有没有足够的时间？这一系列问题都要在最短的时间内做出权衡比较，才能得出结论。多设想一下在你行进的路上可能会出现多少"石头"，而自己怎么做个"弯弯绕"，胸有成竹地一一绕过它们快速前进。

我们来看这样一则故事——

齐景公酷爱打猎，非常喜欢喂养捉野兔的老鹰。管鹰的烛邹不当心，一只老鹰逃走了。景公知道了大发雷霆，命令将烛邹推出去斩首。晏子走上堂，对景公说："烛邹有三大罪状，哪能这么轻易就杀了？待我公布他的罪状再处死吧！"景公点头同意了。晏子指着烛邹的鼻子说道："烛邹，你为大王养鸟，却让鸟逃走，这是第一条罪状；你使得大王为了鸟的缘故而要杀人，这是第二条罪状；把你杀了，让天下诸侯都知道大王重鸟轻士，这是你的第三条罪状！好啦，大王，请处死吧！"景公脸红了半天才说："不用杀了，我听懂你的话了。"

晏子的进谏方式非常巧妙。这里，作为君王的齐景公是"刚"，晏子当然应该采用"柔"的办法。表面上，他在数落烛邹的罪状，实际上是在批评景公的重鸟轻士。这样，既收到了效果，又没有因直接劝谏而使君王难堪，可谓一箭双雕。试想，如果晏子直接以硬碰硬，结果会是怎样呢？说不定救不了烛邹，自己不遭殃也要讨个没趣。

"绵里藏针，柔里存刚"，这是一条为人之道，这是让我们含笑着进攻，迂回着前进，表现出了社交者的洒脱与轻松。

投之以粪，
报之以屎

古人说：投之以木桃，报之以琼瑶。就是说，你对我好，我对你也好。那么，你对我不好，恶语伤人，我也要退让吗？我以为，退让是必要的，但退让又必须是有限度的，对一些蛮不讲理的人，如果一味退让，只能纵容坏人而让好人受气。

对蛮不讲理者，要据理力争。晏子是齐国的重臣，一向以雄辩的口才、敏捷的思维而闻名。晏子使楚，楚王存心想侮辱晏子，令人在城门旁边挖了一口小洞，让管礼宾的小官带晏子从此洞进城。晏子不进，看看周围等着看笑话的人群，十分惊讶地说："啊呀，今天我恐怕来到狗国了吧？怎么要从狗门进去呢？"楚人讨了一脸没趣，只好引他从大门进了城。

晏子走进楚宫，楚王腆着肚皮，高高地站在台阶上，傲慢地瞟了晏子一眼，问道："你们齐国难道就没有人了吗？"

"怎么会没有人呢？"晏子从容地回答，"临淄有七八千户人家，房屋一片连着一片；街上行人肩膀擦着肩膀，脚尖踩着脚跟，扇扇衣襟就像乌云遮天，挥把汗水有如暴雨滂沱。怎么能说没有人呢？"

楚王拉长脸吭了一声，又问："既然这样，你们齐国就派不出比你更强的人来吗？"晏子笑嘻嘻地答道："怎么派不出呢？可是我们齐国委派大使是有规矩的，有才干的贤人派去见有才干的国王，无能的家伙派去见无能的国王，我晏子是齐国最无能的一个，所以就被派来见您了。"

楚王侮辱晏子，想显显楚国的威风，晏子以牙还牙，巧妙回击，维护了自己和国家的尊严。故事赞扬了晏子身上表现出来的凛然正气和他高超的语言艺术。

罗蒙诺索夫童年时代生活非常贫苦，成名以后，仍然保持着简

朴的生活习惯，毫不讲究，埋头于研究学问。

有一次，一个专爱讲究衣着但却不学无术而又自作聪明的人，看到他衣袖的肘部有个破洞，就指着窟窿挖苦道："从那儿可以看到你的博学吗？先生？"

罗蒙诺索夫毫不迟疑地回答："不，一点也不！先生，从这里可以看到愚蠢。"

晏子和罗蒙诺索夫所使用的斗争策略，叫作"以其人之道还治其人之身"。既然让我从狗洞进城，那进的就是狗国了；既然把我当作最无能的来使，那么你也就是最无能的君主了；既然你要借题发挥，讽刺挖苦，我何不针锋相对，以牙还牙！如此，楚王等只能哑口无言。

也许有人要说，对人要讲真诚，你老兄提倡以牙还牙，不是让人以恶抗恶吗？

真诚需要条件，真诚者与真诚者肝胆相照，好比两块打火石相撞，撞出的是心灵的火花；这一件事、这一方面，他对你真诚，你应该报以真诚；那一件事，那一方面，他对你刁滑，你也应该"刁滑"……投之以木桃，报之以琼瑶；投之以粪，报之以屎。

年年岁岁劝善，岁岁年年有恶。恶本不足奇，无恶无善，无善无恶。以善报恶，不以正义抗邪恶，固然良心很好，然而不免呆憨、幼稚，不足以去恶扬善。"一薰一莸，十年尚犹有臭"，恶者横行，正因为善者软弱。不要只痴想以善感动恶，恶之所以恶，正在于它难以感动，否则，也就不那么恶了。善者要强有力，要以"恶"对恶，要讲究对付恶的"阴谋"——智慧。如此，恶才会感受到善的力量，四处碰壁，四面楚歌，恶便有望逐步被善取而代之了。

用机智应变不测

生活时不时让人"尴尬",常常莫名其妙地将人抛到不知所措的境地。这时,假如你没有思想准备,没有这方面的经验,你就不能从容、洒脱地应付意外的窘境,消除僵局。

有一回,老诗人严阵和女作家铁凝等访问美国。他们去参观一所博物馆,开馆时间未到,便在广场上散步。恰巧有两位美国老人在旁休息,看见中国人来,他们很高兴地迎上来交谈,说中国人是他们最为敬仰的。其中一位老人为表达这种崇敬的感情,热烈地拥抱铁凝,并亲吻了一下。铁凝十分尴尬,不知所措。另一位老人也抱怨那老人说,中国人不习惯这样。那拥抱过铁凝的老人,像犯了错误似的呆立一旁。严阵走上前去,用一句话打破了僵局。他微笑着说:"呵,尊敬的老先生,您刚才吻的不是铁凝,而是中国,对吧?"那老人马上笑道:"对,对!我吻的是铁凝,也是中国!两种成分都有。"尴尬气氛在笑声中烟消云散了。看来,遇到紧急情况，应尽力以新话题、新内容引申转移，千万别拘泥一头，执着不放，那会弄得僵持不下，导致更为难堪的结局。

铁凝这不大不小的尴尬，因严阵的机灵而转换成轻松愉快的笑声。应该说，这只是习俗不同带来的小小误会。

然而，生活中不仅有善意的好人，也有不少怀有恶意的坏人。在生活中，不管你愿意也罢，不愿意也罢，难免要和这些人打交道。怎样预防生活中的陷阱呢？这也非常需要"急中生智"。《南亭笔记》记载：一次，权重势盛的彭玉麟便服走过一条偏僻小巷，恰逢一位女子晒衣服失手，一根竹竿坠落下来击中他的头，彭玉麟不禁大怒，厉声斥骂。那女子一看，认得是彭玉麟，内心害怕，却急中生智，忙说："你这副腔调像是行伍出身，所以蛮横无理。你可知道我们这里有彭宫保彭老爷！他为官清正廉明，假如我去告诉他老人家，恐怕要砍了你的脑袋呢！"彭玉麟一听，马上转怒为喜，心平气和地走了。

再介绍一个真实的故事：

京穗直快列车上，一位身着便服的侦察员走进了厕所。冷不防，一个艳装妙龄女郎一闪身也挤进了厕所，反手将门关上："先生，把你的钱包给我。不给，我就喊你侮辱我！"

一切来得这么突然。侦察员深知，在厕所里没有其他人，辩解是毫无作用的了；稍一迟缓，这个女郎立即会使自己身败名裂。陷入困境的侦察员临机应变，突然张着嘴巴，不停地"啊，啊"，装成一个哑巴，表示不懂女郎说些什么。

女郎为难了，赶紧打手势。侦察员仍然窘急地"啊，啊"着。女郎失望了，真倒霉，偏偏碰上了哑巴！她正想转身离去……此刻，"哑巴"一把抓住女郎，抽出钢笔递给她，打手势请她将刚才说的话写在手上。

女郎山穷水尽，忽见柳暗花明，不禁喜上眉梢，接过钢笔就在侦察员的手上写道："把你的钱包给我。不给，我就喊你侮辱我！"侦察员翻转手掌，抓住女郎说话了："我是便衣警察，你犯了抢劫罪，这就是证据。"

女郎目瞪口呆……

这位便衣警察就是靠机智战胜了罪犯。假如生活中不学会机智，不懂应变，往往让自己陷入困境，束手待毙。

请看这样一则足以让人们引以为教训的事例：

某县青年女工小白，一天深夜上完晚班回家时，途中发现一个家伙紧盯着她："姑娘，我们交个朋友吧。"小白吓得胆战心惊，急步往家的方向奔去。那家伙一把抓住她的小拎包说："我们谈谈吧。"就在这时，迎面走来四个夜巡队员，只要小白跑过去报告，完全可以安然无事。可是，她怕那家伙会从背后戳她一刀，她一直在犹豫、颤抖。对方窥测到小白的弱点，更加放肆地拉住她的手臂："不要耍孩子气，妈也是为咱好，快跟我回去。"夜巡队以为是一对小夫妻怄气，也就不声不响地从他们身边走过。他们走到一片空旷的建筑工地，那家伙窜进新的工房，对小白喊道："快进来，我对你讲句话，就还给你包包。"离这里只有一箭之地，有一对恋人朝小白走来，但她还是不敢呼叫。那家伙更是猖狂地搂住小白的腰说："叫你进来，你怎么还不进来。"这对恋人毫不介意地拐向另一条小路。此时，小白完全陷入窘境，吓得发抖，失去反抗能力，就这样被流氓拖进去糟蹋了。

生活有时就是如此变幻莫测，小白姑娘缺乏应变能力和勇气，胆小、懦弱，因而，她付出了沉重的代价——尽管那个流氓很快被公安局捕获。

社会生活和客观世界是千变万化的，机智灵敏、随机应变、能言善辩已不仅仅是政治家、军事家、外交家所独有的基本素质，而是每一个人必需的生存技能之一。